Learn Adobe Premiere Pro CC for Video Communication

Adobe Premiere Pro CC
标准教程

［美］乔·多克里（Joe Dockery） 康拉德·查韦斯（Conrad Chavez） 罗勃·舒瓦茨（Rob Schwartz） 著

武传海 王丹丹 杨乐 译

U0304824

人民邮电出版社

北 京

图书在版编目（ＣＩＰ）数据

Adobe Premiere Pro CC 标准教程 /（美）乔·多克
里著 ；（美）康拉德·查韦斯，（美）罗勃·舒瓦茨著 ；
武传海，王丹丹，杨乐译. -- 北京 ：人民邮电出版社，
2021.5
ISBN 978-7-115-55883-1

Ⅰ. ①A… Ⅱ. ①乔… ②康… ③罗… ④武… ⑤王…
⑥杨… Ⅲ. ①视频编辑软件－教材 Ⅳ. ①TP317.53

中国版本图书馆CIP数据核字(2021)第001669号

版 权 声 明

- ◆ 著　　　[美] 乔·多克里　康拉德·查韦斯　罗勃·舒瓦茨
  译　　　武传海　王丹丹　杨 乐
  责任编辑　赵 轩
  责任印制　王 郁　陈 犇
- ◆ 人民邮电出版社出版发行　　北京市丰台区成寿寺路 11 号
  邮编　100164　电子邮件　315@ptpress.com.cn
  网址　https://www.ptpress.com.cn
  天津图文方嘉印刷有限公司印刷
- ◆ 开本：800×1000　1/16
  印张：16.75　　　　　　　　　　2021 年 5 月第 1 版
  字数：260 千字　　　　　　　　 2021 年 5 月天津第 1 次印刷
  著作权合同登记号　图字：01-2020-3611 号

定价：128.90 元
读者服务热线：**(010)81055410**　印装质量热线：**(010)81055316**
反盗版热线：**(010)81055315**
广告经营许可证：京东市监广登字 20170147 号

中文版前言

Adobe 是当下多媒体制作类软件的主流厂商之一，媒体设计从业者的日常工作基本都离不开 Adobe 系列软件。Adobe 系列软件中的每一款都可以应对某一方向的设计需求，并且软件之间可以配合使用，实现全媒体项目。同时，Adobe 公司一直紧跟时代的潮流，结合最新技术，如人工智能等，不断丰富和优化软件功能，持续为用户带来良好的使用体验。

在各色媒体平台迅猛发展的信息时代，图像和音视频处理能力已经成为当代职场人必不可少的能力之一。例如，"熟练掌握 Photoshop"已经成为设计、媒体、运营等行业招聘中重要的条件之一。

Adobe 标准教程系列特色

Adobe 标准教程系列图书是 Adobe 公司认可的入门基础教程，由拥有丰富设计经验和教学经验的教育专家、专业作者和专业编辑团队合力打造。本系列图书主题涵盖 Photoshop、Illustrator、InDesign、Premiere Pro 和 After Effects。

本系列图书并非简单地罗列软件功能，而是从实际的设计项目出发，一步一步地为读者讲解设计思路、设计方法、用到的工具和功能，以及工作中的注意事项，把项目中的设计精华呈现出来。除了精彩的设计项目讲解，本书还重点介绍了设计师在当前的商业环境下所需要掌握的专业术语、设计技巧、工作方法与职业素养等，帮助读者提前打好职业基础。

简单来说，本系列图书真正从实际出发，用最精彩的案例，让读者学会像专业设计师一样思考和工作。

此外，本系列图书还是 ACA 认证考试的辅导用书，在每一章都会给读者"划重点"，在正文中也设置了明显的考试目标提示，兼顾了备考读者和自学读者的双重需求。通过学习目标，可以了解本章要学习的内容；

通过 ACA 考试目标，可以知道本章哪些内容是 ACA 考点。只要掌握了本系列图书讲解的内容，你就可以信心满满地参加 ACA 认证考试了。

操作系统差异

Adobe 软件在 Windows 操作系统和 macOS 操作系统下的工作方式是相同的，但也会存在某些差异，比如键盘快捷键、对话框外观、按钮名称等。因此，书中的屏幕截图可能与你自己在操作时看到的有所不同。

对于同一个命令在两种操作系统下的不同操作方式，我们会在正文中以类似 Ctrl+C/Command+C 的方式展示出来。一般来说，Windows 系统的 Ctrl 键对应 macOS 系统的 Command（或 Cmd）键，Windows 系统的 Alt 键对应 macOS 系统的 Option（Opt）键。

随着课程的进行，书中会简化命令的表达。例如，刚开始本书描述执行复制命令时，会表达为"按下 Ctrl + C（Windows）或 Command + C（macOS）组合键复制文字"，而在后续课程中，可能会将描述简化为"复制文字"。

目　　录

本章目标

学习目标

- 创建与管理项目文件
- 打开与保存 Premiere Pro 项目
- 学习暂存盘知识
- 了解 Premiere Pro 用户界面
- 学习基本面板的功能
- 自定义工作区
- 使用【项目】面板管理文件
- 使用【源监视器】【节目监视器】【时间轴】面板编辑序列
- 了解【时间轴】面板
- 学习 Premiere Pro 工具的功能
- 向序列中添加音频
- 向序列中添加字幕
- 导出序列

ACA 考试目标

- 考试范围 1.0
  了解视频行业
  1.1、1.2、1.3、1.4

- 考试范围 2.0
  项目设置与界面
  2.1、2.2、2.3a、2.4

- 考试范围 3.0
  组织视频项目
  3.1、3.2

- 考试范围 4.0
  创建与调整视觉元素
  4.1、4.2、4.3、4.6、4.7

- 考试范围 5.0
  使用 Premiere Pro 导出视频
  5.1、5.2

第 1 章

了解 Adobe Premiere Pro

从表面上看，学习视频编辑似乎就是掌握某一款视频编辑软件的用法。但是要想真正做好视频编辑，只掌握软件的用法是远远不够的，即便你用的是 Adobe Premiere Pro（以下简称 Premiere Pro）这种功能强大且全面的软件。制作视频通常需要你进行高度的整合与协作。

整合是指把不同来源（如摄像机、智能手机、无人机、运动相机、麦克风、图库素材、音乐、图形、图像）的素材无缝拼接在一起，从而创建出一个完整的视频。

在编辑视频的过程中，多人合作是必需的。因为项目中用到的许多素材都是由不同的专业人士（如摄像师、录音师）制作的，并且是在制片人的协调下完成的。你是这个团队的一分子，要想顺利地完成工作，你必须和这个团队中的其他成员相互配合、紧密合作，而这需要团队成员根据标准和程序进行清晰明确的沟通。

在本章中，你将作为制作团队中的一员，和其他成员一起为一位客户的电子期刊制作一个时长为 15 秒的宣传视频（图 1.1）。本章中，我们还将组织要在电子期刊项目中使用的媒体素材。在这个过程中，我们会向你介绍 Premiere Pro 的用户界面，以及你可以用它做哪些事情。

图 1.1 制作宣传视频

1.1 关于 Adobe 系列图书

让我们先花点时间解释一下想要达成的目标，这样可以确保我们在这方面达成共识。下面是我们希望本系列图书可以实现的目标。

1.1.1 有乐趣

我们非常重视这个目标，希望你在学习本书的过程中找到乐趣。有了乐趣，你才能记住所学内容，才能专注于眼前的任务。

在学习本书的过程中，你会创建一些项目。虽然这些项目不是根据你的兴趣来设置的，但是我们尽量让这些项目充满乐趣。你只要跟着这些项目一步步地做就好，相信这些"乐趣"一方面会让你在学习本书的过程中充满愉悦，另一方面也会让你在保持心情轻松愉悦的同时不知不觉地提高自身知识水平和能力。

1.1.2 学习 Premiere Pro

跟学本书项目时，你可以自由发挥，把我们给出的示例项目改造成你自己的。当然，我们也欢迎你跟着我们的示例一步步地做，但也不必过于拘谨。在学习过程中，你可以根据自己的喜好更改项目中的文本或样式。在你完全掌握了我们讲解的内容后，我们建议你按照自己的方式来应用它们。在某些项目中，你可能还想学一些不在本书讨论范围之内的内容，不要犹豫，去学就好。

1.1.3　准备 ACA 考试

本书涵盖了 ACA 考试的所有目标，但是本书不是围绕着这些目标进行组织的，而是按照你在实际工作中需要了解的流程来组织的，这其中也处处体现着 ACA 考试的目标。本系列图书的作者都是从事相关课程培训的教师和培训师，一直在教授各种软件培训课程。在编排本书时我们充分考虑了学习效果和人的记忆特点，力求让你在学习本书的过程中获得最好的学习效果。通过本书，你能学到通过 ACA 考试所需的一切知识，还能取得从事相关初级工作的资格，但是现在你不必在意这些，学得开心最重要。

1.1.4　培养你的创造力、沟通能力和合作能力

除了会培养你的实际动手能力之外，本书还会教你如何成为一个更具创造力、善于与人合作的人。这些能力对于个人的成功至关重要，不论哪个行业，雇主们都喜欢那些有创造力，善于与人沟通、合作的人。本书会讲解一些有关提高创造力的基础知识，教你如何为他人进行设计（与他人合作），以及进行项目管理。

1.2　管理视频制作文件

★ **ACA 考试目标 2.4**

下面我们将介绍视频制作中一些常见的做法，这些做法在专业的视频制作中很常见。它们有助于制作团队保持组织性，并且有利于团队成员管理和查找项目中用到的所有媒体素材。

1.2.1 链接而非嵌入文件

在其他应用程序中，你可以通过复制粘贴、导入文本或图形来组织文档，这也称为"嵌入"内容。保存这样的文档时，它的体积会变大，因为其中包含了所有你嵌入的内容。但对视频项目来说，嵌入内容的方式并不实用。视频文件本身往往都比较大，就文件大小而言，单个高清视频片段抵得上几千个文本文档或几千张图片。

把媒体素材导入一个 Premiere Pro 项目时，Premiere Pro 并不会把素材嵌入项目文件中，它会记录素材文件名和文件路径。当显示素材时，Premiere Pro 会从指定位置获取素材文件。其中，文件名称和文件路径就是指向素材文件的链接（图 1.2）。

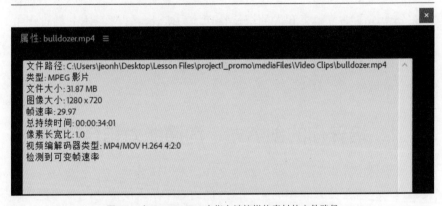

图 1.2 在 Premiere Pro 中指向链接媒体素材的文件路径

如果你更改了素材文件的名称，或者把它移动到了另外一个文件夹中，原来的链接就会失效，这样 Premiere Pro 就找不到素材文件，也就无法正常加载它了。不过，Premiere Pro 提供了相应的工具来帮助我们快速解决文件丢失问题。

向一个 Premiere Pro 项目导入文件后，被导入的文件实际保存在项目文件之外，这样项目文件的大小就不会随着向项目文件中不断添加素材而激增。另外，在更新项目中已有文件时会非常方便，你只需要把具有相同名称的新文件放入旧文件所在的文件夹中，使用新文件把旧文件替换掉，Premiere Pro 就会自动应用新文件。

使用这种文件链接方式，必须要确保所有导入项目中的资源都是可以访问的。如果你删除了视频项目中用到的某个视频文件，则项目中用到该视频文件的地方就会变成空白。使用文件链接方式，不仅要备份项目文件，还要备份所有导入的文件。如果你的文件存储得很有条理、很有组织性，那么备份工作做起来会更容易一些。

1.2.2 确定文件的存储位置

使用计算机时，它会不断地响应来自操作系统和当前应用程序的文件访问请求。大多数应用程序（如网页浏览器、文字处理程序等）所访问的文件相对较小，而且读写之间有较长的时间间隔，因此你的计算机能够快速地处理这些请求。

但是，视频制作是另一回事。编辑视频时，尤其是当你浏览视频查找特定帧或检查成品效果时，你的计算机要不断从视频文件中一帧帧地读取数据。在这个过程中，计算机会不断读取（有时是写入）成千上万张图片，这种持续不断的读写活动对计算机的性能提出了很高的要求。视频编辑会在很多方面给你的计算机带来巨大压力。例如，相比2K 视频（1080p），编辑 4K 视频对你的计算机提出了更高的要求。当你分层编辑多个视频剪辑，以及应用调整或特效时，你的计算机承受的压力会更大。项目越大，计算量越大，对计算机的计算速度的要求也就越高。

视频编辑对计算机提出了较高的性能要求，为此你需要认真考虑项目文件在计算机中的存储位置。如果你把所有文件全部保存在同一个存储器（如计算机的主存储器）上，那么在编辑视频时，你的计算机很可能会运行得很慢。这是因为你的计算机系统和视频编辑程序会不断进行竞争，以获取对同一个存储器的访问机会。这样一来，只要其中一个处于等待状态，你就必须等待。

1. 使用多个存储器

为了避免因对同一个存储器竞争访问而引发计算机性能低下的问题，专业视频制作人员通常都会把项目文件分散存放到多个存储器上。一般来说，我们会把操作系统和视频编辑程序（这里是 Premiere Pro）存放到系统主存储器上，而把项目的素材文件（视频、音频、图片等）存放到另外一个存储器上，把视频编辑中产生的临时文件（如预览文件、缓存文件）存放到第三个存储器上。

把文件分散存放到多个存储器上最大的优点是，当操作系统访问这些文件时，Premiere Pro 可以同时请求访问其视频文件和缓存文件；因为这些文件存放在不同的存储器上，所以操作系统和 Premiere Pro 不会因为访问同一个存储器而发生竞争。每个存储器只承担一项任务，因此可以轻松专注地维护自己的数据流而不会中断。这样，编辑视频时，计算机会有更好的响应性能，运行也会更流畅。

当你的计算机使用的是硬盘驱动器（HDD）时，把项目文件、素材文件、缓存文件分散存放到多个驱动器上更有意义。HDD 有一组读写头，它们同时移动，从（向）磁盘读写文件，这些机械式的读写头在磁盘上的移动速度是有一定限制的。当你的数据分散存放在多个驱动器上时，计算机读写这些数据的速度会更快，因为多个读写头可以同时工作，分别读写不同的数据并进行传送。

除了上面这种机械硬盘之外，你可能还听说过固态硬盘（SSD），SSD 对数据的读写速度要比机械硬盘快得多。这一点千真万确，因为 SSD 由固态电子存储芯片组成，读写数据时不需要使用机械读写头。由于没有移动部件，SSD 可以一次访问大量存储数据。从价格上来说，SSD 要比 HDD 贵得多，但它的速度更快，使用 SSD，你甚至可以不必把项目文件分散存放到多个硬盘上。但是，新的视频格式（如 4K 视频）对数据的读写速率提出了更高的要求，为保证视频编辑系统的响应速度，把文件分散存放在多个 SSD 上仍然是一个好的做法。

那么网络存储呢？由于视频编辑对系统性能提出了很高的要求，因此把链接的视频素材保存到常见的网络服务器上是不现实的。网络传输速度太慢，无法满足实时播放的要求。要实现高速网络传输，必须使用专业的设备，而这些设备一般都比较昂贵，你只能在少数高端视频制作工作室中看到它们。

2. 使用团队的文件组织方式

我们应该如何把项目中的文件分散存放到多个存储器上呢？如果你是"单打独斗"，则完全可以根据你自己的预算情况以及对计算机性能的要求进行确定。

但是，在类似本书用作示例的项目中，你通常只是整个制作团队中的一员，需要和制片经理协调文件组织方式。如果你就职的公司制定了自己的文件组织标准，那你只需要遵守它就好。借助于这些标准，保存项目的存储器就可以在团队成员之间实现无障碍共享，因为所有的团队成员在这些存储器上看到的文件组织方式都是一致的。这样，当团队成员工作时，他们只需把项目存储器连接到自己的计算机上，即可开始工作。

1.2.3　整理与命名剪辑

当你编辑的项目用到大量视频剪辑和其他文件时，为了提高工作效率，需要快速找到所需要的文件。Premiere Pro 会向你显示这些剪辑的缩览图，但是最常用的方式还是依靠文件名来找出那些在视频项目中需要用到的剪辑，然后把它们插入合适的位置。你肯定也不想浪费时间来播放有问题的剪辑，但又怕它们中包含你需要的视频素材。基于这个原因，在正式开始编辑之前，应该先把所有剪辑过一遍，删除那些有问题的，然后为每一个剪辑起一个有意义的名字。

你可以先把所有可用的文件放入前期文件夹中，然后在前期文件夹中进行选择，再把项目需要的内容有组织地放入项目文件夹中，以供制作项目时使用。

1.2.4　管理项目文件夹

为了快速找到所需内容，我们最好在项目文件夹中创建若干个子文件夹，然后把不同类型的媒体文件放入不同的文件夹中保存。例如，我们可以把视频剪辑放入"视频剪辑"文件夹，把音频剪辑放入"音频剪辑"文件夹，把图形图像放入"图形"文件夹。

我们要根据项目的复杂程度来组织文件夹。例如，如果你的项目中包含大量配音剪辑和背景音乐剪辑，那么你可以在"音频剪辑"文件夹下分别创建一个"配音"文件夹和一个"音乐"文件夹来单独存放这两种素材。

此外，还可以创建一个"导出"（Exports）文件夹，专门用来存放项目草稿和成品视频（图 1.3）。

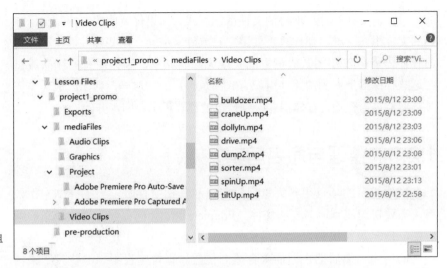

图 1.3　使用文件夹组织项目素材

1.3　下载、解压、组织文件

针对本书中的项目，我们为你提供了素材文件（见封底），里面包含所有项目文件。ZIP 格式是一种把多个文件合并成一个压缩文件的便捷格式，方便文件在网络上传输。

ZIP 格式会将内置文件压缩，把某些类型的文件转换成 ZIP 文件后，其大小会显著地减小。不过，由于许多视频和音频文件本身已经经过了压缩，因此我们不必再把它们压缩成 ZIP 文件了。

1.3.1　下载课程文件

学习每一个有示例项目的课程时，你都需要先下载对应的课程文件。

1.3.2　解压缩 ZIP 文件

在 Windows 操作系统和 macOS 中，从 ZIP 文件提取内容的方法一样，但是最终得到的结果稍有不同。

在这两个操作系统中，双击 ZIP 文件（图 1.4），结果如下。

- Windows 操作系统会打开一个窗口，显示 ZIP 文件中的内容。关闭窗口后，你看到的仍然是 ZIP 文件。
- macOS 会把 ZIP 文件中的内容放入一个新文件夹中。这样，你就同时有了两个文件，一个是原始 ZIP 文件，另一个是包含 ZIP 文件内容的新文件。

图 1.4 在 Windows 10 中，默认情况下 .zip 扩展名是隐藏的，但你仍然知道它是一个压缩文件，因为在"类型"列中显示的是"压缩 ZIP 文件"，并且在窗口顶部你会看到"压缩的文件夹工具"（在 macOS 中，"类型"列中显示的是"ZIP 文档"）

默认情况下，ZIP 文件中的内容会解压到同一个文件夹中。在 Windows 操作系统中，右击 ZIP 文件，从弹出菜单中选择【全部解压缩】，再从弹出窗口中选择要把文件提取到的文件夹。在 macOS 中，如果你使用第三方软件打开和解压 ZIP 文件，那么你可以选择把 ZIP 文件解压到一个指定的文件夹中。

注意

在 masOS 下，你可能会在课程文件夹中看到一些 Thumbs.db 文件，你可以把它们全部删掉。当在 Windows 操作系统下打包 ZIP 文件时，这些文件会出现，而 macOS 不需要使用它们。

1.3.3 把文件放入不同文件夹中

把课程文件解压缩之后，我们需要先把它们放入不同的文件夹中。通常，视频编辑是一项团队工作，需要多人共同合作完成。因此，保持项目文件夹组织方式与命名的一致性至关重要，这有助于团队成员轻松理解和使用其他成员制作的项目文件。

本书提到的项目文件夹的组织方式只是众多组织方式中的一种，你完全可以选用其他更适合自己的组织方式。但是，请不要过度迷恋某一种特定的组织方式，因为当你在不同的制作团队时，你会发现每个团队都有不同的文件组织和命名方式。你一定要尽快适应你的团队的工作方式，这样才能轻松融入团队中，并顺利地完成分配的工作。

把项目文件分别放入 MediaFiles 与 Pre-Production 两个文件夹中。然后在 MediaFiles 文件夹中创建如下子文件夹，把 Premiere Pro 项目中用到的所有素材都放入这些子文件夹中。

- ■ Audio Clips：该文件夹用于存放项目中用到的音频文件，如旁白、音乐、环境背景声音、音效。
- ■ Graphics：该文件夹用于存放项目中用到的图形图像，如照片、标志、图标、图表、地图。
- ■ Project：该文件夹用于存放 Premiere Pro 项目文件；此外，你还可以更改项目设置，把项目缓存文件、渲染好的预览文件放入其中。
- ■ Video Clips：该文件夹用于存放使用拍摄设备（如摄像机、智能手机、平板电脑、航拍器）拍摄好的视频素材和其他软件渲染好的动画素材。

下面我们实际创建一个文件夹组织结构，在随后的每一节中，你都可以使用这种文件夹结构来组织相关文件。

（1）打开文件浏览器窗口，转到桌面，进入将要用于保存所有 Premiere Pro 项目的文件夹。

（2）依次选择【文件】>【新建文件夹】（或者使用其他新建文件夹的方法）。

（3）把新创建的文件夹命名为 Project Template。

（4）进入 Project Template 文件夹中，新建两个文件夹：MediaFiles、Pre-Production。

（5）进入 MediaFiles 文件夹，新建 4 个文件夹：Audio Clips、Graphics、Project、Video Clips。

到这里，我们就创建好了一个标准的文件夹结构。在动手制作每个项目之前，请先复制一个 Project Template 文件夹，把文件夹名称更改为新项目的名称，然后把项目文件分别放入相应文件夹。

接下来，把 Project 1 中的文件分别放入相应文件夹中。

（1）进入解压缩之后的 Project 1 文件夹中，选择所有视频文件，把它们拖入 Video Clips 文件夹。

（2）若课程文件夹中还有音频文件，请选择所有音频文件，把它们同时拖入 Audio Clips 文件夹。

（3）若课程文件夹中还有静态图像，请选择所有静态图像，把它们拖入 Graphics 文件夹。

（4）若课程文件夹中还包含 Premiere Pro 项目文件，请先选择它们，然后把它们拖入 Project 文件夹。请注意，有些课程文件夹中并不包含项目文件，我们将在学习过程中手动创建。

最后，创建一个 Exports 文件夹，用于存放渲染好的成品视频。转到 Project Template 文件夹的上级文件夹下，新建一个名为 Exports 的文件夹。

你可以把每个项目的成品视频全部放到 Exports 这个文件夹，这样就可以在这个文件夹中轻松找到所有项目的成品视频。

通常，在项目制作完成之后，导出的第一版视频很少是完美的，往往需要反复修改，并且需要导出多个版本进行确认。如果你不想把最顶层的 Exports 文件夹搞得很乱，可以在各个项目文件夹下另外创建一个 Exports 文件夹，专门用于存放不同版本的视频。当你确定好最终版本，再把它移动到最顶层的 Exports 文件夹即可。

1.3.4 删除 ZIP 文件

解压缩 ZIP 文件后，你会得到两种文件，一种是原来下载的 ZIP 文件，另一种是解压缩后的文件。然后，你可以执行如下两种操作之一。

- 在把 ZIP 文件解压缩之后，你可以把它删除，以节省存储空间。
- 如果你不在乎存储空间，那么大可保留 ZIP 文件作为备份，这样你可以随时找回最初的项目文件。

提示

要查看文档类型（视频、音频等），请把文件浏览器窗口更改为列表视图。

1.4 确定项目需求

开始制作之前，你应该清楚地知道宣传片的目的、目标受众、交付形式，以及其他需要预先解决的问题。下面列出了"Project 1"的需求。

- 客户：乔伊基建公司。
- 业务：使用重型设备为大型建设项目平整土地。

★ ACA 考试目标 1.1

★ ACA 考试目标 1.2

★ ACA 考试目标 1.3

★ ACA 考试目标 1.4

- 口号：我们能把脏活干好。
- 目标受众：乔伊基建公司的目标受众大多是大型建筑公司，他们专注于大型项目，包括住宅、政府大楼、购物中心、学校、大型办公楼；主要员工为 30 ～ 60 岁的男性。
- 目的：用非常有趣的电子快报吸引目标受众的注意力，并促使他们打开电子快报，阅读其中内容。
- 交付形式：一段时长为 15 秒的高质量视频（包含音频）。该视频能够给人积极向上的感觉，并能清晰地传达客户公司的口号。在技术规格上，该视频必须是 H.264 720p 格式，且经过压缩后在线加载速度要快，同时拥有可以令人接受的画面品质。

1.4.1　列出素材文件

★ ACA 考试目标 2.4

制作这个项目所需要的素材我们已经准备好了，素材如下。
- 建设工地的航拍片段。
- 经过合法授权的音乐。
- 从客户处索要的公司标志。
- 配音文件。

制作本项目时，使用上面的素材就够了，你不需要自己再找其他素材。

1.4.2　规避潜在的法律风险

请注意，拍摄的素材不能随意使用。如果你拍摄的场景中有人物或私有财产，在未获得被摄者或财产所有人许可的情况下，你不能随意把它应用到商业活动中，否则就有可能侵犯他人的肖像权或隐私权，从而使自己陷入法律风险之中。为规避潜在的法律风险，请一定要与权利人签署肖像权协议和物权协议，获得他们的书面许可。

对于本章要制作的宣传视频，我们需要用到的素材要获得如下许可或授权。

- 航拍片段中涉及的物品要得到财产所有人的授权，涉及的可识别的人物要获得相关人士的肖像授权。
- 从素材库购买合法的音乐素材，并且确保许可类型与自己的用途一致。此外，所使用的音乐还要经过客户同意。
- 使用客户公司的标志时要得到设计师的许可。
- 配音素材要得到配音者的授权。

除了肖像权、物权、著作权之外，其他的一些权利也要考虑到，例如录制环境声音时无意中录下来的音乐、建筑墙体上的海报，这些也都是有版权的，不可随便使用。另外，提供免费素材或图片的网站你也要注意，因为有些网站提供的素材未经作者许可或者授权形式不当，尽量不要使用这些素材。

如果你不确定使用某个素材是否合法，请咨询熟悉视频制作相关法律法规的律师，他们会给你建议，能够为你发现并规避潜在的法律风险。强烈建议你专门聘请一位专业律师担任法律顾问，在很多情况下，你都需要咨询律师。他们知道素材的商业用途比编辑用途有哪些更严格的法律要求，熟悉当地的版权法中特殊的法律条文等。

1.5 启动 Premiere Pro

启动 Premiere Pro 的方法跟其他应用程序一样，唯一不同的是启动之后你看到的界面。

★ ACA 考试目标 2.2

第一次启动 Premiere Pro 时，你会看到一段欢迎视频，类似一个旅行纪录片，用于介绍软件的用法（图 1.5）。视频画面中有 3 个图标：浏览、快速入门、观看。有关这 3 个图标的内容不会在本书中讲解，你可以在打开软件时自己浏览一下。单击【跳过】按钮，继续往下。

图 1.5　Premiere Pro 中的欢迎视频

Premiere Pro 的"欢迎屏幕"在首次出现之后便不再显示。如果你想让"欢迎屏幕"再次显示出来，可以重新安装 Premiere Pro 或重置首选项，也可以在菜单栏中依次选择【帮助】>【欢迎屏幕】。

（1）执行如下操作之一启动 Premiere Pro。

- 在 Windows 操作系统下，单击【开始】菜单、开始屏幕或任务栏中的 Premiere Pro 应用程序图标。如果你的计算机桌面上或文件夹窗口中存在 Premiere Pro 快捷方式图标，可以双击启动它。

- 在 macOS 下，单击启动台或程序坞中的 Premiere Pro 应用程序图标。如果你的计算机桌面上或文件夹窗口中存在 Premiere Pro 的别名图标，可以双击启动它。

（2）在【开始】窗口中选择一个选项（图 1.6）。

与许多应用程序不同，启动 Premiere Pro 后，你首先看到的不是一个空白工作区，而是【开始】窗口。通过这个窗口，你可以开始自己的视频编辑工作或者学习有关 Premiere Pro 的内容。如果你是一个初级用户，建议你好好看一下【学习】选项卡中的教程；如果你是一个中级用户，对 Premiere Pro 有了一定了解，你可以看看【新功能】与【技巧 & 技术】选项卡中的内容，这些内容可以帮助你了解 Premiere Pro 的新增功能。

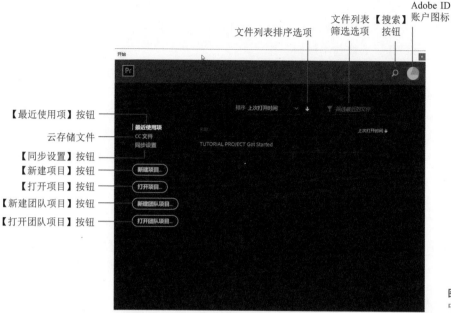

文件列表排序选项　文件列表　【搜索】　Adobe ID
　　　　　　　筛选选项　按钮　账户图标

【最近使用项】按钮
云存储文件
【同步设置】按钮
【新建项目】按钮
【打开项目】按钮
【新建团队项目】按钮
【打开团队项目】按钮

图 1.6 Premiere Pro 中的【开始】窗口

在【开始】窗口中，Premiere Pro 为我们提供了几种新建 Premiere Pro 项目的方式。其中最常用的一种方式是单击【新建项目】按钮，其功能等同于【文件】>【新建】>【项目】菜单命令。单击【新建项目】按钮后，会弹出【新建项目】对话框，在这里你可以设置项目的各个选项，具体内容稍后讲解。

在日常使用过程中，启动 Premiere Pro 之后要做的第一件事是打开一个现有项目，以便你继续往下制作。出现【开始】窗口后，Premiere Pro 会把你最近打开的项目列出来（在下面两种情况下最近项目列表是空的：第一次使用 Premiere Pro；重置了 Premiere Pro 首选项）。

如果你想处理的项目不在最近项目列表中，则可单击【打开项目】按钮，然后在【打开项目】对话框中选择要打开的项目。【打开项目】按钮在功能上等同于【文件】>【打开项目】菜单命令，与其他应用程序中的【打开】命令类似。

如果你的 Premiere Pro 文件存放在 Creative Cloud Files 中，你可以单击【CC 文件】按钮进行查看。Creative Cloud Files 是一种云存储服务，它与你的 Adobe ID 关联在一起，其使用方式与其他云存储服务（如 Dropbox、Google Drive、Microsoft OneDrive、iCloud Files）一样。借助

> **提示**
>
> 在 Premiere Pro 中，【新建项目】的快捷键是 Alt+Ctrl+N（Windows）或 Option+Command+N（macOS），【打开项目】的快捷键是 Ctrl+O（Windows）或 Command+O（macOS）。

网页浏览器、计算机桌面上的文件夹、安装在手机或平板电脑中的 App，可以把文件上传到 Creative Cloud Files 中，也可以把文件从 Creative Cloud Files 下载到本地设备中。

　　除了上面介绍的选项之外，【开始】窗口中还包含其他一些高级选项，这些内容不在本书的讨论范围之内，这里只做简单介绍。【同步设置】选项通过你的 Adobe Creative Cloud 账户把你的 Premiere Pro 设置同步到其他计算机中的 Premiere Pro 中。另外，如果你是某个制作团队的一分子，并且你们使用的是基于云端的 Adobe Team Projects 视频协作工作流（面向 Premiere Pro、Adobe After Effects、Adobe Prelude），你才能使用【新建团队项目】和【打开团队项目】按钮。

　　尽管【开始】窗口很有用，但有时你还是想让 Premiere Pro 在启动后直接打开最近使用的项目，而不是显示【开始】窗口。那么你打开 Premiere Pro【首选项】对话框，进入【常规】面板，然后从【启动时】下拉列表中选择【打开最近使用的项目】即可。

1.6 　【新建项目】对话框

　　在 Premiere Pro 中，有些对话框一出现，直接单击【确定】按钮就好，但【新建项目】对话框不是这样的。【新建项目】对话框包含 3 个选项卡，其中很多设置对于视频项目至关重要，例如项目及工作文件的保存位置。当然，这些设置你完全可以在项目创建好之后再进行更改，但最好还是在首次创建项目时就把这些设置认真指定好，以便后续操作。

1.6.1 　设置【常规】选项卡

　　在【新建项目】对话框的【常规】选项卡（图 1.7）中，最重要的是设置项目的名称和保存位置。一个项目可能包含多个视频序列，所以我们通常会根据整个作品（如整部电影的名称）为项目命名，再根据作品的各个组成片段（如电影中的各个场景）为项目中的各个序列命名。

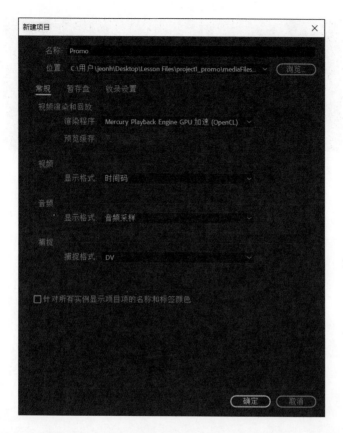

图 1.7 【新建项目】对话框的【常规】选项卡

对于每个新建项目，一定要仔细检查项目的名称和保存位置。如果你没有主动修改项目的保存位置，Premiere Pro 会自动把项目保存到上一个项目的保存位置，这有可能不是你希望看到的。

（1）在【名称】文本框中输入 Promo。输入项目名称时，不必输入文件扩展名，Premiere Pro 会自动帮我们添加上。

（2）单击【浏览】按钮，在【请选择新项目的目录路径】对话框中选择项目的保存位置。这里，我们选择课程文件夹下的"\project1_promo\MediaFiles\Project"文件夹。你可以根据需求选择其他保存位置，如另外一个专门用于保存数据的存储器。

（3）在【视频渲染和回放】的【渲染程序】中选择【Mercury Playback Engine GPU 加速（OpenCL）】选项（图 1.8）。该选项会使用计算机的硬件（如 GPU）渲染视频，从而大大提升 Premiere Pro 渲染视频的速度。

图 1.8　在【渲染程序】中选择 GPU 加速选项

在【渲染程序】中，最好选择【Mercury Playback Engine GPU 加速（CUDA）】选项，它通常是最快的渲染选项。不过，你最好还是测试一下所有的 GPU 加速选项，比较一下哪一个最快，在不同的计算机上得到的结果可能不一样。如果两台计算机有不同的 GPU 速度、CPU速度、核心数、RAM 数量，则这两台计算机的最快 GPU 加速方法可能不一样。

通常，【仅 Mercury Playback Engine 软件】选项的渲染速度是最慢的，请仅在无法使用 GPU 加速或所用计算机不支持 GPU 加速时选择该选项。如果你的计算机支持 GPU 加速，但是 Premiere Pro 无法正常识别它，那么请检查一下计算机的 GPU 驱动程序是否是最新版本。

使用 Mercury Playback Engine 加速渲染

Mercury Playback Engine 是 Adobe 公司开发的一套技术，用于加快视频编辑速度和响应速度。当你把【渲染程序】设置为【仅 Mercury Playback Engine 软件】或 GPU 加速时，Premiere Pro 就会协调并充分利用 64 位 CPU 的处理能力、多线程 CPU 处理性能、RAM、快速存储器（用于缓存）来加快你的工作速度。你的计算机中 RAM、CPU 数量越多，暂存盘上的可用空间越大，存储器速度越快（如用的是 SSD，而非 HDD），加速效果越明显。

选择 GPU 加速选项一般都会加快视频渲染速度。若使用 OpenCL、Apple Metal、CUDA 等强大的图形卡技术，系统的性能提升效果会更加明显。因为 GPU 加速对视频编辑系统的性能有明显的提升效果，所以专业的视频编辑人员通常都会选择一款支持 GPU 加速的图形卡装配到自己的计算机中。

若 GPU 加速选项不可用，则表明你的计算机中未配备符合 Mercury Playback Engine 要求的图形卡。那么你需要购买一款型号更新或功能更强大的图形卡。Adobe 官方网站中列出了一系列支持 GPU 加速的图形卡，详情请阅读官网相关页面。

（4）如果要编辑的视频来自某台数字摄像机，请将【视频】和【音频】下的【显示格式】保持默认设置不变，分别是【时间码】和【音频采样】。

（5）如果你的项目需要你使用视频设备现场采集视频，请在【捕捉格式】中选择要使用的格式。若把视频项目的【捕捉格式】设置为【HDV】则表示使用高清数字格式捕捉视频；设置为【DV】则表示使用老式的标清数字视频格式。如果项目中使用的视频是从其他存储卡或存储器获取的，则【捕捉格式】这个选项不可用。

（6）勾选【针对所有实例显示项目的名称和标签颜色】。

（7）根据需要设置其他选项卡中的选项（参见下面的内容），然后单击【确定】按钮，进入新创建的项目中。

1.6.2　设置暂存盘

暂存盘的设置方式取决于你的计算机中有多少个存储器。在前面"使用多个存储器"中我们提到：在视频编辑中，当需要访问大量视频数据时，若被访问的视频数据分散存放在多个存储器上，那么访问的速度会非常快，因为多个存储器能够以并行的方式把这些数据快速传送过来。然而有时我们只能使用一个存储器，这种情况会在后文详解。

如果你是某个制作团队的一分子，请向团队中的相关负责人咨询如何设置暂存盘，因为你所在的团队可能对暂存盘的位置有明确要求。例如，有的团队会要求把项目保存在外部存储器上，同时把暂存文件放在与项目相同的位置，这样当把保存项目的存储器转交给另外一个团队成员时，所有暂存文件也会随项目一起被转交出去，而不会出现把暂存文件落在了其他地方的窘境。

1. 设置单存储器系统

如果你使用的计算机中仅有一个存储器可用（如笔记本电脑），则你可以把所有暂存盘选项都设置为【文档】或【与项目相同】。这样做可能会影响编辑系统的性能，但实属无奈之举，毕竟没有其他存储器可用。

2. 设置双存储器系统

如果你的计算机中有两个存储器，并且可以将其中一个用来存储项目文件和素材文件，则你可以按照如下方式设置暂存盘。

（1）在【新建项目】对话框中把【位置】设置为第二个存储器。

（2）单击【暂存盘】选项卡（图1.9）。

（3）在所有下拉列表中选择【与项目相同】。

3. 设置3个或3个以上存储器

如果你的计算机中的存储器多于两个，则可以按照如下方式设置暂存盘。

- 位置。把项目存储【位置】设置成专门用来保存项目文件的存储器，如数据存储器。
- 捕捉的视频与捕捉的音频。项目制作过程中，如果需要从视频设备捕捉视频，请单击【浏览】按钮，从专门用于存放捕捉视频的存储器上选择一个位置，这样既不会出现读/写竞争问题，又有助于解决捕捉过程中的丢帧问题。如果你的计算机中有多个存储器可供选用，那你可以把捕捉的视频和捕捉的音频分别存放到不同存储器上，进一步降低丢帧风险。
- 视频预览与音频预览。单击【浏览】按钮，从专门用于存放预览文件的高速存储器上选择一个位置。
- 项目自动保存。你可以把【项目自动保存】设置为【与项目相同】，项目文件小，存储速度快，而且每隔几分钟就保存一次。

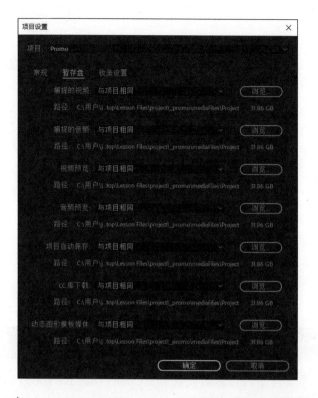

图 1.9 【新建项目】对
话框的【暂存盘】选
项卡

■ CC 库（Creative Cloud Libraries）下载与动态图形模板媒体。你
  可以在多个项目中使用这些组件，它们既不会占据太多空间，也
  不会对系统性能产生太大影响，所以你可以把它们存放在"文
  档"或系统存储器上的某个集中区域。如果你需要把它们与项目
  一起带走，则可以选择【与项目相同】。如果你需要把它们存储
  在一个指定的位置，供整个制作团队共享，请单击【浏览】按钮，
  然后选择指定的位置。

为暂存盘选用存储器与端口

如果你的计算机允许在内部安装多个存储器，请把你另外购
买的存储器（最好是 SSD）安装到未使用的驱动器卡槽中，然后
在 Premiere Pro 的【项目设置】对话框中把暂存盘指定为新添加的
存储器。

注意

如果你的计算机中只有一个存储器，请不要试图把它划分成多个，以模拟多存储器系统。这种模拟的做法对编辑系统的性能提升没有任何帮助，因为在物理上它仍然是一个存储器，无法同时响应多个数据请求，而且可用空间也非常有限。只有你的计算机上同时连接了多个物理存储器，把暂存盘指定成不同的存储器，才会对视频编辑系统的性能提升产生明显的效果。

如果你的计算机不支持添加内置存储器，那你就只能把外置存储器指定为暂存盘了。为提高数据传输速度，连接外置存储器时，请务必使用计算机中传输速度最快的端口。USB 3 端口最常用且数据传输速度非常快；但相比之下，USB 3.1 端口更快，所以受到人们的喜爱。此外，现在的高端计算机往往还配有雷电端口，这种端口不常用，但是数据传输速度更快，目前最快的版本是雷电 3。

不管是内置还是外接，请尽量选用 SSD，SSD 比普通硬盘的数据读写速度要快得多。如果只有普通硬盘可用，那么选用计算机上的 USB3.0 端口连接它们就足够了。

请尽量不要使用 USB 2.0 或 USB 1.0 端口连接充当暂存盘的外部存储器，这两种端口的数据传输速度较慢。

CC 库

有些项目在制作时需要访问 CC 库（Creative Cloud Libraries），此时把暂存盘设置为 CC 库所在的位置会非常有用。如果使用的是学校或图书馆的计算机，那么可能无法正常访问 CC 库或享受其他服务。CC 库是基于"云"的存储库，其中的内容可以在团队的多个成员之间和多个设备（如移动设备、计算机等）之间共享。例如，某个团队成员使用 Adobe Photoshop 为视频项目制作了一系列图片素材，他可以把图片素材添加到一个 CC 库中，你可以在 Premiere Pro 中打开 CC 库，把其中的图片素材导入视频项目中。另外，你还可以使用 Adobe Capture CC 移动 App 从现实世界中采集颜色，然后将其添加到 CC 库，随后载入 Premiere Pro 中，这样你就可以在视频项目中把这些颜色作为颜色分级的外观使用了。

1.6.3 【收录设置】选项卡

当你想对导入项目中的每个视频剪辑做预处理（例如，有些视频项目制作时需要先把所有剪辑转换成指定的编辑格式）时，【收录设置】选项卡会非常有用。如果计算机处理能力有限，无法顺畅地处理高清视频，那么可以使用【收录设置】选项卡为高清视频剪辑创建代理（原高清视频的小尺寸版本），以加快编辑速度。当要处理的视频分辨率很高（如4K 或以上），或者你使用的计算机的处理能力有限时，使用代理对加快编辑速度非常有帮助。

本章中我们不会用到【收录设置】选项卡。

1.7 查找项目与编辑项目

在某个视频项目的制作过程中，有时可能会忘记把项目存储在哪个文件夹或哪个存储器了。此时你可以把目光移动到程序窗口顶部的标题栏中，Premiere Pro 会把项目文件的路径显示在标题栏中（图1.10）。

图 1.10　项目文件的路径会显示在程序窗口的标题栏中，若最后有星号则表示当前项目尚未保存

如果想更改在【新建项目】对话框中已经做出的设置，可以从菜单栏中选择【文件】>【项目设置】，然后选择【常规】【暂存盘】或【收录设置】，进入相应选项卡做相应设置。

请注意，无法在【项目设置】对话框中修改帧速率、帧大小等设置，因为这些设置都是针对序列而非项目的。一个项目可以包含多个具有不同设置的序列。要更改项目中某个序列的设置，请先选择序列，然后从菜单栏中选择【序列】>【序列设置】，在【序列设置】对话框中做相应更改即可。

1.8　了解面板与工作区

★ ACA 考试目标 2.2

Premiere Pro 用户界面是针对专业工作流程设计的，强大又灵活。与你用过的其他应用程序一样，Premiere Pro 提供带快捷键的菜单命令，支持浮动面板，并且你可以自由地编排它们。

在 Premiere Pro 中，面板中的各种控件非常方便实用。如果找不到某个控件，那很可能是提供该控件的面板被隐藏了起来。此时，在菜单栏中单击【窗口】菜单，然后选择相应的面板即可将其打开（图 1.11）。

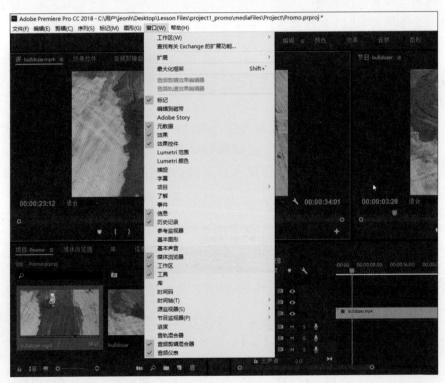

图 1.11 Premiere Pro 的【窗口】菜单中列出了所有可用的面板，其中包括在当前工作区中被隐藏的那些面板

1.8.1　了解主视频编辑面板

如果你从未用过任何一款专业视频编辑软件，那你可能会对 Premiere Pro 中的面板布局感到陌生，但是 Premiere Pro 中的面板布局由来已久，是基于传统的窗口布局专为视频编辑打造的。在其他视频编辑

软件中,也会看到类似的面板布局。

在【编辑】工作区中,程序窗口中的三大面板分别是【源监视器】面板、【节目监视器】面板(这两个面板占据了程序窗口的上半部分)和【时间轴】面板(占据程序窗口下半部分的一大半)(图1.12)。当打开项目中的一个序列时,这些面板会自动显示出来。【时间轴】面板和【节目监视器】面板是同一个序列的两个不同视图。【时间轴】面板中显示的是序列中的视频剪辑和其他内容在时间上的排列方式,【节目监视器】面板中呈现的是序列中的内容在某个时间点上的状态。播放序列时,播放滑块(时间轴中的垂线,也叫"当前时间指示器")会沿着时间轴移动,同时【节目监视器】面板中会显示播放滑块当前所在位置的画面。

【源监视器】面板　　　　　　　　　　　　　【节目监视器】面板

【时间轴】面板

图 1.12　默认布局下的【源监视器】面板、【节目监视器】面板和【时间轴】面板

【项目】面板位于程序窗口的左下角,其中包含了所有导入项目中的素材,包括那些尚未在序列中使用的素材。

通常,视频编辑流程包含下面几个典型的步骤。你可以按照如下步骤把相关素材导入项目中,以便完成本章内容的学习。

(1)在【项目】面板中双击某个视频剪辑,在【源监视器】面板中观看视频。根据需要在【源监视器】面板中修剪剪辑的入点与出点。

（2）使用拖放方式或快捷键把剪辑添加到时间轴中。添加剪辑时，必须将其添加到时间轴的一个序列中。若时间轴中没有打开的序列，把剪辑拖入时间轴时，Premiere Pro 会基于拖入的剪辑创建一个序列。

（3）在【节目监视器】面板中观看最终效果。若需要，可以反复播放序列，检查最终效果是否符合自己的期望。

从【项目】面板到【源监视器】面板，再到【时间轴】面板和【节目监视器】面板，这是一次循环，是视频编辑制作的基本流程。编辑一个视频项目往往需要多次重复这个过程，不断查看、剪辑素材，然后把剪辑添加到时间轴中的合适位置，完成作品。

1.8.2 了解其他重要的面板

通常，一个视频序列中不只包含视频剪辑，往往还包含音频、效果、静态图像、字幕等。为此，Premiere Pro 提供了相应面板，以帮助用户轻松使用这些素材。

- 【项目】面板（图 1.13）。这个面板中包含了导入项目的所有素材。有时，项目中会用到大量素材，这大大增加了查找某个特定素材的难度。为此，你可以在【项目】面板中创建素材箱。【项目】面板中的素材箱与普通文件夹没什么不同，就像文件夹可以嵌套一样，你也可以在素材箱内部创建子素材箱，即素材箱也是可以嵌套的。

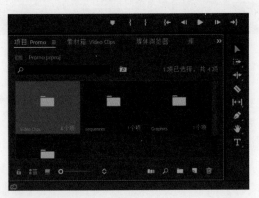

图 1.13 【项目】面板

- 【效果】面板（图 1.14）。该面板列出了应用在视频与音频上的各种效果、过渡，以及颜色分级预设。

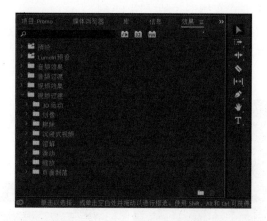

图 1.14 【效果】面板，与【项目】面板在同一个面板组中

- 【工具】面板（图 1.15）。这个面板中的工具可用来以交互方式编辑与查看素材。请注意，在某些工具的右下角有一个小三角形，这表明在该工具下还存在其他工具，此时单击该工具，并按住鼠标左键不放，就会弹出【工具】组面板。
- 【音频仪表】面板（图 1.15）。该面板用于显示播放滑块所在位置的音频电平，包含剪切指示器，帮助用户实时检查音频电平是否过高。

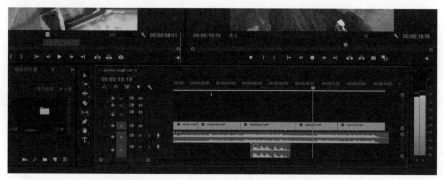

图 1.15 工具面板与【音频仪表】面板

1.8.3 组织面板

首次启动 Premiere Pro 时，会在程序窗口中看到所有面板。相邻面板之间通过分隔条隔开，因此增大一个面板的尺寸，另外一个面板的尺

寸会相应地减小。

面板的组织方式有如下 3 种（图 1.16）。

■ 停靠。可以把多个面板停靠在一起，使面板的边缘彼此紧靠，这
样可以同时看到更多信息。

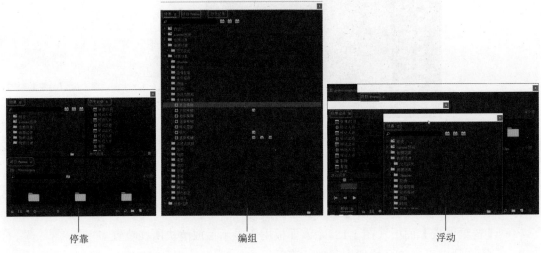

停靠　　　　　　　　　编组　　　　　　　　　浮动

图 1.16 3 种面板组织方式

■ 编组。可以把多个面板编入同一个面板组中，使这些面板有共同
的面板空间，像办公桌上叠放在一起的文件夹。在面板组的顶部
有多个选项卡，各个面板的名称就显示在选项卡上。相信大家都
用过带标签页的网页浏览器，面板组中的选项卡就像网页浏览器
中的标签页一样。

■ 浮动。可以把某个面板从停靠位置或面板组中拖出来，使其成为
一个浮动面板。也可以把浮动面板拖动到程序窗口中的任何地
方，且浮动面板总是显示在其他界面元素的前面。

当一个面板组中包含了很多个面板时，面板组顶部可能没有足够的
空间把所有面板都显示出来。此时会有一个双箭头图标出现在面板组的
右上角，这是一个溢出菜单（图 1.17），在其中可以看到面板组包含的所
有面板。如果想关闭某个面板，可以使用如下两种方法：若面板位于某
个面板组中，单击展开面板菜单（3 条横线），从弹出菜单中选择【关

闭面板】；若面板是浮动面板，单击面板右上角的【关闭】按钮即可（图1.17）。

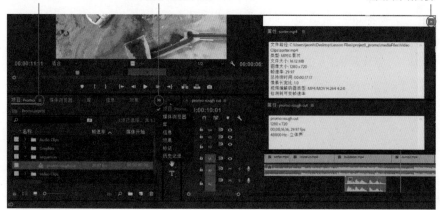

面板菜单中包含【关闭面板】【关闭面板组】等命令

溢出菜单中显示了面板组中所有面板的名称

单击【关闭】按钮关闭浮动面板

图 1.17　窗口管理控件

1. 停靠面板

我们可以把某个面板组中的面板变成停靠面板。

（1）在【效果】面板中单击展开面板菜单（3条横线），从弹出菜单中选择【关闭面板】。

（2）从菜单栏中依次选择【窗口】>【效果】。

【窗口】菜单中包含所有面板，关闭了某个面板之后，你可以在【窗口】菜单中再次选择它，将它重新打开。

默认情况下，【效果】面板属于【项目】面板组。重新打开【效果】面板后，它仍会出现在【项目】面板组中，只是位于同组中的其他所有面板之后。假如某个项目制作过程中需要大量使用效果，为了方便起见，可以让【效果】面板一直可见。为此，你可以把【效果】面板从【项目】面板组中拖出来，然后停靠到指定的位置上。

（3）在【效果】面板的名称上按住鼠标左键，然后将其拖向某个面板组，此时在面板组的区域中会出现一个蓝色的高亮区，该高亮区就是面板要停靠的位置（图1.18）。

■　把面板拖到某个面板组的中心区域时，该中心区域高亮显示，释放鼠标左键后，Premiere Pro 会把面板编入这个面板组中。

- 把面板拖到某个面板组的某个边缘区域（共有上、下、左、右 4 个边缘区域）时，相应边缘区域会高亮显示，释放鼠标左键后，Premiere Pro 会把面板插入当前面板组与相邻的面板之间。
- 按住 Ctrl 键（Windows）或 Command 键（macOS），同时释放鼠标左键，所拖动的面板会变成浮动面板。

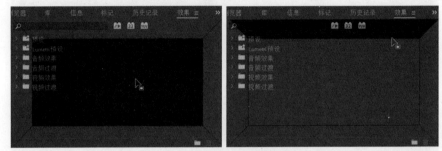

图 1.18 蓝色高亮区即面板的停靠位置

（4）把面板拖到【项目】面板组的右边缘区域，当该区域高亮显示时，释放鼠标左键，Premiere Pro 会把【效果】面板插入【项目】面板组与工具面板之间（图 1.19）。

（5）把鼠标指针置于【效果】面板右边缘与【工具】面板之间的分隔条上，此时鼠标指针变成左右指向的双箭头。

（6）按住鼠标左键向右拖动，可以调整两个面板的宽度（图 1.20）。当一个面板变宽时，相邻面板会相应变窄。为了最大限度地利用有限空间，你可以拖动两个相邻面板之间的分隔条，将一个面板变宽，另一个面板变窄。分隔条分为水平分隔条和垂直分隔条两种，这两种分隔条都可以通过拖动进行调整。

图 1.19 把【效果】面板插入【项目】面板组与工具面板之间

图 1.20　向右拖动垂直分隔条

2. 浮动面板

有时把一个面板完全独立出来，使其变成浮动面板用起来会更方便。下面我们把【效果】面板变成浮动面板。

（1）在【效果】面板中单击展开面板菜单，从弹出菜单中选择【浮动面板】（图 1.21a）。

注意

把一个面板变成浮动面板的快捷方式是按住 Ctrl 键（Windows 操作系统）或 Command 键（macOS）拖动面板。

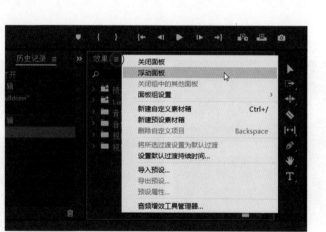

图 1.21a　把【效果】面板变成浮动面板

（2）拖动【效果】面板的标题条，可以将其移动到程序窗口中的任意一个位置（图 1.21b）。

（3）如果想调整浮动面板的大小，先把鼠标指针放到面板的某个边缘或边角上，当鼠标指针变成双箭头时拖动即可。

另外，你还可以将其他面板与浮动面板停靠在一起，或者编入同一个面板组。

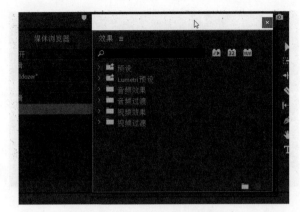

图 1.21b　拖动标题条移动浮动面板

3. 编组面板

在 Premiere Pro 中，你可以轻松地把一个浮动面板或停靠面板放入面板组中。

按住鼠标左键，拖动【效果】面板，将其拖至【项目】面板组的中心区域之上，然后释放鼠标左键（图 1.22）。

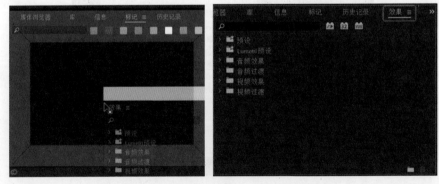

图 1.22　把【效果】面板拖入【项目】面板组

这样，我们就把【效果】面板重新放回原来的面板组中了。

在 Premiere Pro 的一个面板组中，你可以沿着水平方向向左或向右拖动选项卡，以改变面板组中各个选项卡的排列顺序。

有时在使用 Premiere Pro 制作视频项目时会同时用到多个显示器，这种情况下，你可以把一些面板从一个显示器移动到另外一个显示器中。操作起来也很简单，只要把某个面板直接拖动到第二个显示器中即可。一旦你把某个面板拖离 Premiere Pro 程序窗口，它就会变成一个与程序窗口一样的浮动窗口，你只要把这个浮动窗口拖入第二个显示器中即可。

你可以把任意一个面板从第一个显示器拖到第二个显示器的 Premiere Pro 程序窗口中，并对它进行任意的停靠或编组。

1.9 了解工作区

在 Premiere Pro 中，工作区由一系列面板按照一定的组织形式排列而成。Premiere Pro 为我们提供了多种预置工作区，这些工作区分别针对不同的任务（如序列拼接、颜色校正）对面板重新进行了组织与优化。除了可以使用预置工作区之外，你还可以根据自己的需要组织安排面板，并把组织好的面板布局存储成一个自定义工作区。你可以使用程序窗口顶部的【工作区】面板或者【窗口】>【工作区】菜单命令，查看有哪些工作区可用以及切换不同工作区（图 1.23）。

★ ACA 考试目标 2.2

安装好 Premiere Pro 后，第一次打开时，默认使用的是【编辑】工作区。此时，在程序窗口顶部的【工作区】面板中，你可以看到【编辑】工作区处于高亮显示状态。

你可以在【工作区】面板中单击其他几个工作区，看看这些工作区中的面板是怎么布局的，然后单击【编辑】工作区，回到【编辑】工作区中。

当退出 Premiere Pro 时，Premiere Pro 会记住当前你对面板布局所做的更改，下一次启动 Premiere Pro 时，它会默认呈现你上一次使用的面板布局。如果在完成了某个视频的编辑之后，你想把当前工作区的布局恢复成原来的样子，你可以轻松地重置工作区，将其恢复至原始状态。

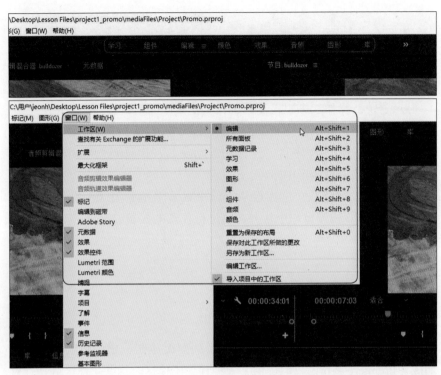

图 1.23 你可以在【工作区】面板或【窗口】>【工作区】菜单中选择与编辑工作区

要取消你对当前工作区所做的更改，请从菜单栏中依次选择【窗口】>【工作区】>【重置为已保存的布局】。或者，在【工作区】面板中单击工作区名称右侧的菜单图标，从弹出菜单中选择【重置为已保存的布局】（图 1.24）。

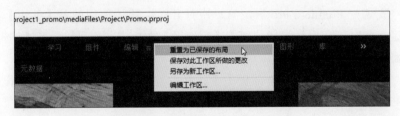

图 1.24 选择【重置为已保存的布局】

下面我们来自定义一个面板布局，并把它保存起来，方便后续使用。

（1）在【项目】面板组中分别单击展开【信息】【库】【标记】面板菜单，然后从弹出菜单中选择【关闭面板】，将它们关闭。

这里我们对面板所做的修改仅供参考。在实际工作中，你可以根据自己的需要决定要打开哪些面板，以及如何组织它们。

（2）从菜单栏中选择【窗口】>【工作区】>【另存为新工作区】。

（3）在【新建工作区】对话框中为新工作区输入一个名称（图 1.25）。这里我们输入 Simple Editing，然后单击【确定】按钮。

图 1.25　保存新工作区

请注意，新建工作区 Simple Editing 会同时出现在【工作区】面板和【窗口】>【工作区】子菜单下。Premiere Pro 之所以会把工作区同时显示在两个地方，是因为在某个时候或某些自定义工作区中【工作区】面板默认是隐藏的，此时你仍然可以通过【窗口】>【工作区】子菜单找到它。

1.10　在 PC 或 Mac 中使用 Premiere Pro

不论是在 PC（Windows）上还是 Mac（macOS）上，Premiere Pro 的工作方式都是一样的，只存在几处很小的差异。因此不论你习惯使用 PC 还是 Mac，都能相对轻松地使用 Premiere Pro 完成客户委托的制作任务。

正式学习视频编辑之前，最好先熟悉一下在你的计算机上使用 Premiere Pro 时的一些常见约定。

1.10.1　使用键盘快捷键

PC 与 Mac 有不同的功能键，按某个或某些功能键可以改变某个功能或其他按键的工作方式，如下所示。

PC	Mac
Ctrl	Command
Alt	Option
Shift	Shift

在 Mac 计算机上，除了 Command 键之外，还有一个 Control 键。这个键并不常用，一般用来模拟鼠标右键。

BackSpace、Delete 与 Forward Delete 键：类似但不完全一样

PC 键盘的右上角有一个大大的 BackSpace 键，在小键盘上还有一个小的 Forward Delete 键（键帽标签为 Del）。在某些应用程序（包括 Premiere Pro）中，这两个键的功能不一样。在 Mac 键盘的右上角有一个大大的 Delete 键，在小键盘上有一个小小的 Forward Delete 键（键帽标签为 Delete），你可以为它们指定不同的功能。请认真研究一下快捷键，搞清楚应该按 BackSpace、Delete 键还是 Forward Delete 键。

小型键盘（如笔记本电脑的键盘）通常只有 BackSpace 键（PC）或 Delete 键（Mac）。若需要使用 Forward Delete 键，请同时按住 Fn 键。例如，在小型 Mac 键盘上，按住 Fn 键再按 Delete 键，在功能上等同于按 Forward Delete 键。

BackSpace、Delete 与 Forward Delete 键经常把我们搞得晕头转向，在使用某个涉及 BackSpace、Delete 的快捷键时，如果你发现快捷键没有起作用，请尝试改用 Forward Delete 键。

1.10.2 使用快捷菜单

一般 PC 上都配有双键鼠标或触控板，打开快捷菜单的标准方式是单击鼠标右键。

而在 Mac 上，鼠标或触控板可能只支持鼠标左键单击事件，此时，你可以在系统偏好中做相应配置，让鼠标或触控板支持鼠标右键单击

（又叫"辅助点按"）。另外，你还可以把一个双键鼠标连接到 Mac 上。打开快捷菜单的另外一种方式是按住 Control 键的同时单击鼠标。

不论是 PC 还是 Mac，你都可以把其他输入设备（如轨迹球或带手写笔的绘图板）连接到计算机上，并且你可以把这些设备上的多余按键设置成鼠标右键。

1.10.3 打开【首选项】对话框

当你对 Premiere Pro 有了一定了解之后，可以尝试打开【首选项】对话框，在其中做相应设置，使 Premiere Pro 符合你的工作风格、硬件配置，以及特定的制作要求。在 PC 与 Mac 中，Premiere Pro 的【首选项】命令显示在不同的菜单下，你可以按照如下方式打开【首选项】对话框。

在 PC 下：从菜单栏中选择【编辑】>【首选项】。

在 Mac 下：选择【Premiere Pro CC】>【首选项】。

1.11 导入素材

与其他专业视频编辑与管理软件类似，在 Premiere Pro 中向项目中添加素材时，并不是把素材复制粘贴到项目中，而是导入项目中。把素材导入项目之后，Premiere Pro 会记下素材文件的路径，并创建指向这些素材文件的链接。

★ ACA 考试目标 2.4

当你把素材导入 Premiere Pro 项目中后，这些素材就会出现在【项目】面板（图 1.26）中。【项目】面板是集中管理素材的地方，其中既包含已经在项目中使用的素材，也包含那些尚未在项目中使用的素材。

在【项目】面板中，你可以创建一系列"文件夹"来组织素材，通常把这种"文件夹"称为"素材箱"，它与桌面上的文件夹十分相似。素材箱中的素材与【项目】面板中的素材用法是一样的。

在 Premiere Pro 中，导入素材是非常灵活的，你可以使用最适合自己的方式把素材导入项目。你既可以采用拖放方式把素材文件直接拖入项目中，也可以使用菜单命令或快捷键导入。

图1.26 含有导入素
材和素材箱的【项目】
面板

（1）打开前面创建好的 Promo 项目。

（2）确保【项目】面板是可见的。

（3）任选下面一种方法导入素材。

■ 把各个素材拖入【项目】面板。如果你的素材在桌面上，那么在
  拖放素材之前，可以先把 Premiere Pro 程序窗口缩小一些，显示
  出桌面，然后拖曳素材，这样操作起来会方便一些。

■ 把包含素材的文件夹整体拖入【项目】面板中（图1.27），文件
  夹会成为【项目】面板中的一个素材箱。

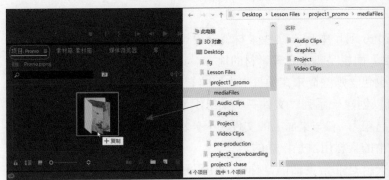

图1.27 通过拖放把素材导入【项目】面板中

- 从菜单栏中依次选择【文件】>【导入】，然后在【导入】对话框中选择待导入的素材，单击【打开】按钮。
- 从菜单栏中依次选择【文件】>【导入】，然后在【导入】对话框中选择包含待导入素材的文件夹，单击【导入文件夹】按钮。在【项目】面板中，被导入的素材文件夹会变成一个素材箱。
- 使用"导入"命令的快捷键：Ctrl+I（Windows 操作系统）或 Command + I（macOS）。
- 在【项目】面板或素材箱中双击空白区域，打开【导入】对话框。

请选用上面任意一种方法把 Project 1 所需要的视频、音频、图片素材导入项目中。

1.11.1　组织素材

在把素材导入项目后，接下来需要在【项目】面板中对导入的素材进行组织。在本书示例项目中，为了组织项目所用到的各种素材，我们会在【项目】面板中创建多个素材箱，如 Video Clips、Audio Clips 等，分别用来存放不同类型的素材。

单击【项目】面板底部的【新建素材箱】按钮（图 1.28），或者从菜单栏中选择【文件】>【新建】>【素材箱】，新建一个素材箱。

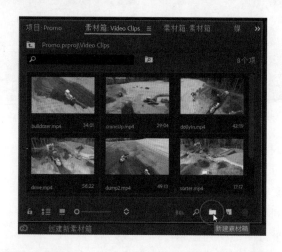

图 1.28　单击【新建素材箱】按钮新建一个素材箱

使用素材箱组织素材时，只需把【项目】面板中的素材拖入相应的素材箱即可，操作简单，就像你在计算机桌面上把文件拖入相应文件夹一样。

此外，你还可以改变素材箱的打开方式：打开【首选项】对话框，在【常规】面板中根据你的需要修改素材箱的设置。

1.11.2　预览素材

★ ACA 考试目标 4.1

【项目】面板不仅可以用来集中存放素材，还可以用来预览、整理、修剪素材。

类似计算机桌面，导入项目中的素材以列表或图标形式显示在【项目】面板中。

在【项目】面板中，我们可以通过素材缩览图来预览与排列素材。

■ 把鼠标指针移动到某个素材缩览图上，然后左右移动鼠标指针，可以快速预览视频素材内容（图 1.29）。

■ 在快速预览视频素材内容时，可以对视频素材进行修剪。按 I 键为设置入点，按 O 键为设置出点。缩览图下方的蓝线表示入点与出点之间的时间范围。

■ 拖动视频素材，可以按照它们在序列中出现的顺序来排列它们。

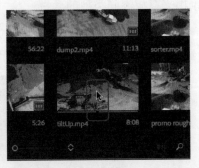

图 1.29　快速预览视频素材内容：把鼠标指针放到某个视频素材的缩览图上，然后左右移动鼠标指针

如果想查看某个素材的详细信息，可以使用列表视图（图 1.30）。在列表视图下，可以做如下操作。

> **提示**
>
> 在列表视图下，向右拖动面板底部的水平滚动条，可以依次显示出所有列，如"帧速率""视频持续时间""良好"等。

■ 查看素材箱的层次结构，以及其中包含的内容。

■ 单击列标题，对素材进行排序。

■ 沿水平方向拖动列标题，以更改列顺序。

■ 在【项目】面板菜单中，选择【元数据显示】，在【元数据显示】对话框中勾选要显示的元数据列。

图 1.30 在列表视图下显示的素材详细信息

提示

如果你想一次性导入
多张图片（带顺序编
号的一系列图片）以
便制作一个视频（如
延时视频），请从菜
单栏中选择【文件】>
【导入】，然后在【导
入】对话框中选择第
一张图片，并勾选对
话框底部的【图像序
列】复选框。

【媒体浏览器】面板

如果不想使用【导入】对话框查找、导入素材，那么可以使用
Premiere Pro 中的【媒体浏览器】面板来代替【导入】对话框。在
【媒体浏览器】面板中，你可以轻松浏览计算机中的内置硬盘、外
接硬盘、网盘，以及存储卡中的各种素材。在【媒体浏览器】面
板中找到要使用的素材后，可以直接把素材拖入【项目】面板的
素材箱；也可以选择素材，然后从菜单栏中选择【文件】>【从媒
体浏览器导入】。

不论是否使用【媒体浏览器】面板，在导入素材之前，一定要
先把素材复制到要连接的驱动器。【媒体浏览器】面板与【项目】面
板最大的不同是：【媒体浏览器】面板中显示的内容不一定被导入了
项目中，而在【项目】面板中显示的内容一定被导入了你当前的项目。

1.12 视频编辑基本流程

为了方便大家理解，下面我们用色拉的制作流程做类比，介绍一下
视频编辑基本流程（图 1.31）。

★ ACA 考试目标 4.1

- 【项目】面板类似冰箱，用于存放制作色拉的原材料。在冰箱里，

你可以把不同的原材料分门别类地放到不同的盒子里。类似地，在【项目】面板中，你可以使用"素材箱"来组织不同的素材项。

- 【源监视器】面板就像厨房里的砧板。做色拉时，先要把蔬菜放到砧板上，然后切掉不需要的部分，而只把需要的部分留下来。同样，在编辑视频时，首先要在【源监视器】面板中打开视频与音频剪辑，修剪掉不需要的部分，而只把需要的部分放入视频序列。

| 【项目】面板（冰箱）用于存放视频素材 | 在【源监视器】面板（砧板）中修剪素材 | 在【时间轴】面板（制作色拉用的小碗）中添加与混合素材 | 在【节目监视器】面板（色拉盘）中查看成品 | 导出视频（把制作好的色拉端上餐桌） |

图 1.31 你会做色拉就会编辑视频

- 【时间轴】面板就像一个碗。制作色拉时，切好蔬菜后，我们要把蔬菜和其他调料一起放入一个碗中进行搅拌。类似地，编辑视频时，我们也需要把修剪好的素材从【源监视器】面板中移动到【时间轴】面板中。在【时间轴】面板中，可以把视频剪辑混合在一起，形成一个序列。制作色拉时，你可以往色拉里添加调料和面包丁，以丰富色拉的口感。同样，编辑视频时也可以往视频中添加其他元素，如标题、音乐、图形等。

- 【节目监视器】面板类似色拉碗。在【时间轴】面板中，序列中的各个素材按照时间顺序组织在一起。在【节目监视器】面板中，可以观看素材的组合结果。在【节目监视器】面板中，可以单击

【播放】按钮或者拖动播放滑块，查看序列的当前状态，检查其是否符合你的要求。

■ 导出视频类似把制作好的色拉端上餐桌。虽然你可以在【节目监视器】面板中观看序列，但它毕竟还是一系列素材的组合。导出操作会把所有素材融合成一个单独的视频文件，并压缩成符合交付要求的大小。

在视频编辑基本流程中，我们先把素材导入【项目】面板，然后在【源监视器】面板中修剪素材，再按照时间顺序把素材放入【时间轴】面板的序列中，接着在【节目监视器】面板中查看组合结果，最后导出序列。随着学习的深入，你会学到其他更快、更高效地执行上述步骤的方式，但这里你只要类比色拉的制作流程理解视频编辑流程就好。

1.13　编辑序列

什么是序列？序列是项目中的"时间轴"，其基本用途是按照正确的顺序组织素材。

★ ACA 考试目标 3.1

序列和项目不一样，项目包含多个序列。例如，编辑电影时，你可能需要为每个场景创建一个序列，然后把编辑好的序列添加到一个主序列中，从而把多个场景组合成一部完整的电影。

在 Premiere Pro 中，可以在一个项目中使用多个序列，而且在创建这些序列时，可以使用不同的参数设置。例如，你可以在一个项目中使用不同序列为同一个视频节目创建不同版本。编辑一部电影时，你可以使用不同的序列来针对不同的播放设备制作不同的版本。例如，一个序列是全长、全分辨率版本，专供影院的数字电影放映机播放；另外一个序列则是专供家庭电视播放的。此外，你可能还会针对特定用途制作一些专用序列，例如两分钟长的预告片、30 秒长的电视广告等。

在标准的序列制作流程中，我们先从【源监视器】面板或素材箱中获取剪辑，把它们添加到序列中做粗剪，然后运用各种编辑技术不断地进行精细调整，直到序列达到交付要求。如果对节目时长有特定要求，例如制作时长为 30 秒的电视广告，那么在编辑视频时，应该认真考虑如何在规定的时间内组织好剪辑来完成整个作品。

接下来，我们整理一下项目，为创建与使用序列做好准备。

（1）若你已经向 Promo 项目中添加了序列，请从【项目】面板中删除它们，让【项目】面板中只包含前面导入的素材。你可以通过序列图标找到序列。

（2）若你正在浏览素材箱，请切换到顶层项目窗口中。单击文件夹路径左侧的按钮（图 1.32），向上返回一层，不断单击，直到返回到最顶层（Promo.prproj）。

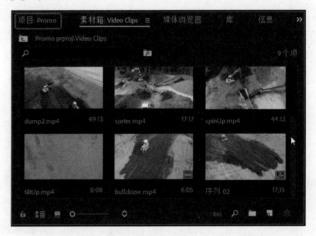

图 1.32 单击文件夹路径左侧的按钮一次就向上返回一层

1.13.1　新建序列

新建序列时，你必须理解并掌握序列的各种设置，如帧速率、帧大小、像素长宽比等。创建序列时使用的设置可能与最终导出时使用的设置不一样，因为我们需要根据不同的播放设备（如高清电视、智能手机）选择不同的格式进行输出。

在 Premiere Pro 中，可以轻松地把不同类型的素材添加到同一个序列中，完全不用担心所使用的素材是来自 4K 摄像机、1080p 便携式摄像机、智能手机，还是运动相机。我们通常会把序列设置成最佳质量格式，以便进行交付。

但是，如何做呢？当你从零开始创建序列时，【序列设置】对话框中的各种设置项可能会让你感到头疼，因为里面有很多设置项，而且使用的都是专业术语。为此，Premiere Pro 提供了一种创建序列的快捷方式：

基于所选视频剪辑创建序列，新建序列将自动使用所选剪辑的设置。如果使用这种方式创建序列，我们就不必再在【序列设置】对话框中单独设置各个选项了。例如，你有一些使用便携式摄像机拍摄的 1080p 素材，同时你想创建一个 1080p 的序列，此时你只要基于任意一个 1080p 素材创建序列即可。根据指定素材创建序列的方法不止一种。

（1）在【项目】面板或素材箱中执行如下操作之一。

- 选择一个剪辑，然后从菜单栏中选择【文件】>【新建】>【来自剪辑的序列】。
- 把一个剪辑拖动到【项目】面板或素材箱底部的【新建项】按钮上。
- 若【时间轴】面板是空的，从【项目】面板或素材箱中拖动一个剪辑到【时间轴】面板中（图 1.33）。
- 使用鼠标右键（Windows）或者按住 Control 键（macOS）单击一个剪辑，然后从弹出菜单中选择【从剪辑新建序列】。

提示

在根据所选剪辑创建序列时，所选剪辑将成为新序列的第一个剪辑，因此最好选择希望最先出现在序列中的那个剪辑作为基础创建序列。

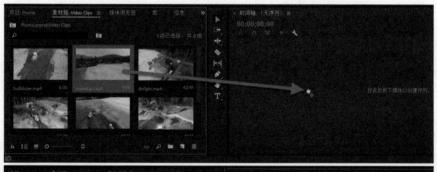

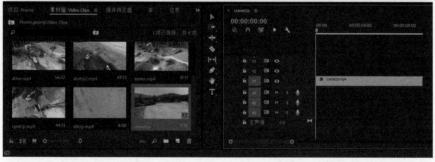

图 1.33 基于某个剪辑新建序列：直接把剪辑拖入空的【时间轴】面板中

（2）为了把序列与剪辑区分开，Premiere Pro 会在序列缩览图的右下角显示一个独特的序列图标。请根据序列图标在素材箱面板中找一找刚刚新建好的序列。

（3）单击新序列的名称，将其修改为"promo rough cut"（图 1.34）。

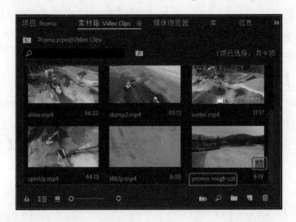

在基于某个剪辑新建序列后，为新序列改名很有必要。若不改，新序列将默认使用剪辑名称。如果你希望视频的最终名称是 promo rough cut，那就要把序列名称更改为 promo rough cut，这样在把序列导出之后，所得到的视频名称就是 promo rough cut。

请注意，在基于某个剪辑新建序列之后，新创建的序列与剪辑位于同一个素材箱中，这里是 Video Clips 素材箱。下面我们重新组织一下项目，把新创建的序列移出 Video Clips 素材箱。

（1）打开【项目】面板，切换到列表视图下。

在列表视图下，你可以在多个级别的项目窗口中查看各个素材项。当然，为了方便实现这一操作，你还可以把 Video Clips 素材箱从【项目】面板中分离出来，使其成为浮动面板，或者将其放入不同的面板组。

（2）单击【新建素材箱】按钮新建一个素材箱，命名为 sequences，专门用来存放序列。

（3）展开 Video Clips 素材箱，找到 promo rough cut 序列，并将其拖入 sequences 素材箱中（图 1.35）。

如何检查序列设置是否正确呢？方法如下。

■ 从【项目】面板菜单中选择【预览区域】，此时在【项目】面板顶部会显示出一个预览区域。在这个预览区域中，你可以看到所选序列或剪辑的参数设置，分别单击序列和序列创建时所依据的剪辑，比较它们的参数是否一致。请注意，预览区域只显示最基本的参数设置。

图 1.35　创建 sequences 素材箱

■ 从菜单栏中选择【序列】>【序列设置】，在【序列设置】对话框中，你可以看到序列的所有设置。

> **注意**
> 当添加到序列的第一个剪辑与序列设置不匹配时，Premiere Pro 会弹出对话框，询问你是否要更改序列设置以匹配剪辑。通常情况下，单击【更改序列设置】按钮比较稳妥。但是，如果你想保持序列设置，请单击【保持现有设置】按钮。

> **提示**
> 在视频编辑过程中，如果希望把某个面板最大化，那么你可以把鼠标指针移动到该面板上，然后按键盘左上角的波浪线键。按一次，面板最大化，再按一次，面板恢复成原来的大小。请注意，这个操作是暂时的，它并不会永久改变工作区。

> **提示**
> 如果你已经在【项目】面板中按照所希望的顺序排列好了剪辑，那你可以把排列好的剪辑一次性添加到一个序列中。具体操作是：选择所有已排列好的剪辑，然后从菜单栏中选择【剪辑】>【自动匹配序列】，或者单击【项目】面板或素材箱面板中的【自动匹配序列】按钮。

1.13.2　粗剪

粗剪是视频作品的第一稿，用来检查视频是否达到了基本要求，如各个剪辑的编排顺序是否正确、总时长是否合适等。做粗剪时，你不必关注时间安排与编辑的具体细节。

★ ACA 考试目标 4.1

1. 使用【插入】与【覆盖】按钮

前面我们提到过入点与出点，以及如何在【项目】面板或素材箱中为剪辑设置入点与出点。在【源监视器】面板中，可以更精确地设置入点与出点。

下面我们从头开始修剪素材，然后将其放入序列。如果你已经把

craneUp.mp4 放入了 promo rough cut 序列，请选择它，然后按 Delete 键删除。

（1）在【项目】面板中双击一个剪辑，Premiere Pro 会在【源监视器】面板中打开它。

（2）在【源监视器】面板中拖动播放滑块，将其移到选用片段的第一帧。

（3）单击【标记入点】按钮（图 1.36），或按 I 键。

图 1.36 【标记入点】按钮位于源监视器面板底部

（4）在【源监视器】面板中拖动播放滑块，将其移到选用片段的最后一帧。

（5）单击【标记出点】按钮（图 1.37），或按 O 键。此时，在时间标尺上会出现一段灰色区域，代表入点与出点之间的持续时间。该区域内的视频片段将被添加到序列中。

图 1.37 【标记出点】按钮在【标记入点】按钮右侧

（6）在【时间轴】面板中把播放滑块移动到要插入剪辑的地方，这里我们把播放滑块移动到开头处。

（7）执行如下的一种操作。

- 在【源监视器】面板中单击【插入】按钮或者按逗号键，把当前剪辑插入时间轴中播放滑块所在的位置，播放滑块后面的原有剪辑都会被往后推（图 1.38）。

- 在【源监视器】面板中单击【覆盖】按钮或者按点号键，把当前剪辑插入时间轴中播放滑块所在的位置，播放滑块后面的原有剪辑中与所插剪辑重叠的部分会被替换。

提示

在使用快捷键添加剪辑之前，请确保目标序列在时间轴中处于激活状态。

图 1.38 在【源监视器】面板中，单击【插入】按钮把修剪后的剪辑从【源监视器】面板中添加到【时间轴】面板中

本示例中由于时间轴中没有其他剪辑，因此不论使用上面哪种方法结果都是一样的。

执行上面任意一种操作之后，不但所选剪辑会被添加到时间轴中，而且播放滑块会自动移动到所添剪辑的末尾，以等待你添加（插入或覆盖）下一个剪辑。

（8）返回到第（2）步，在当前播放滑块处再添加一个剪辑。重复步骤（3）～（8），向序列中添加 4 个或 5 个剪辑（图 1.39）。

注意

为了把剪辑添加到目标轨道上，请检查目标轨道最左侧是否有带 "V1" 字样的蓝色方块。执行插入或覆盖操作后，Premiere Pro 会把剪辑添加到左侧带有蓝色方块的轨道上。

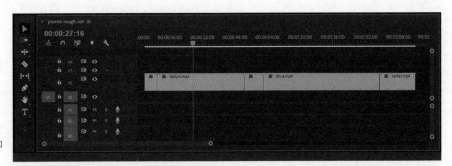

图 1.39 向序列中添加
多个剪辑

使用【插入】与【覆盖】按钮向序列中添加剪辑时，Premiere Pro 会
把剪辑添加到【时间轴】面板中的
目标轨道。目标轨道是指最左侧带

图 1.40 在【时间轴】面板中，通过【目标轨道】
按钮可以指定接收剪辑的轨道

有蓝色方块的轨道。默认情况下，
V1 就是目标轨道（图 1.40）。单击
某个轨道最左侧的方框，这个轨道
就会变成目标轨道。

在向序列中添加视频素材时，
若视频素材中含有音频，那么视频
与音频都会被添加到【时间轴】面
板中，并且两者彼此链接在一起。

如果你想单独编辑视频或音频，请先选择剪辑，然后从菜单栏中选择
【剪辑】>【取消链接】。

2. 通过拖放向序列中添加剪辑

除了可以使用【插入】与【覆盖】按钮之外，你还可以使用拖放方
式向序列中添加剪辑。在【源监视器】面板中为剪辑设置好入点与出点
之后，把剪辑从【源监视器】面板拖到【时间轴】面板中的目标轨道，
然后在恰当的时间点上释放剪辑。

在向序列中添加剪辑时，拖放方式与【覆盖】按钮在功能上是等效的。
若想实现与【插入】按钮一样的功能，请在向【时间轴】面板中拖放剪辑
时，同时按住 Ctrl 键（Windows）或 Command 键（macOS）。

要熟练地使用 Premiere Pro 编辑视频，我们必须了解【源监视器】
面板与【节目监视器】面板中的各个控件（图 1.41）。

注意

在 Premiere Pro 中，
时间的显示格式为
"小时：分钟：秒数：
帧数"。请注意，最
后一个冒号之后的数
字表示的是帧数。

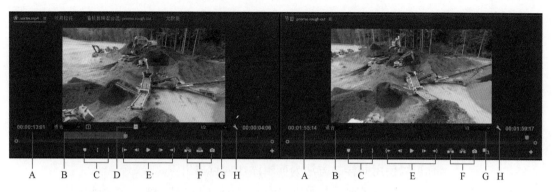

图 1.41 【源监视器】与【节目监视器】面板中的重要控件

A. 播放指示器位置　B. 选择缩放级别　C. 添加标记、标记入点、标记出点
D. 仅拖动视频、仅拖动音频　E. 播放滑块控件　F. 插入、覆盖、导出帧
G. 选择回放分辨率　H. 设置

在视频编辑过程中，快速定位某一帧与浏览视频对提高编辑效率至关重要。在 Premiere Pro 中，只要有当前时间显示，你都可以使用下面这些方法来定位视频帧与浏览视频。

- 拖动播放滑块。
- 在【节目监视器】面板中使用传送控件或快捷键，可以沿着时间轴向前或向后浏览视频。
- 把鼠标指针移动到显示的时间（播放指示器位置）上，按住鼠标左键向左或向右拖动。
- 单击【播放指示器位置】，输入目标时间，按 Enter 或 Return 键，Premiere Pro 会把播放滑块移动到目标位置上。

学习下一小节内容时，我们会从零开始。因此，在学完本小节内容之后，请把所有剪辑从【时间轴】面板中删除。

（1）检查【时间轴】面板当前是否处于活动状态（是否有蓝色边框）。若不是，请单击【时间轴】面板使其处于活动状态。

（2）从菜单栏中依次选择【编辑】>【全选】。

（3）执行如下操作之一。

- 按键盘上的 Delete 键。
- 从菜单栏中选择【编辑】>【清除】。
- 在所选剪辑上右击，从弹出菜单中选择【清除】。

提示

在输入时间时，为了提高输入速度，你可以只输入数字，省略前面的 0 和分隔符。例如，你要输入 00:01:29:03，在实际输入时，只需输入 12903 即可。

提示

你可以使用快捷键在剪辑的各个编辑点之间移动。按向上箭头键跳转到上一个编辑点，按向下箭头键跳转到下一个编辑点。

1.13.3 从【项目】面板或素材箱向序列添加剪辑

★ ACA 考试目标 4.1

在 Premiere Pro 中，你可以在【项目】面板或素材箱中对剪辑做一些基本的修剪，然后直接把经过简单修剪的剪辑从【项目】面板拖入【时间轴】面板中，完成视频的粗剪工作。

前面我们学过为剪辑添加入点与出点的方法，在【项目】面板中，你可以使用同样的方法为剪辑添加入点与出点。

（1）在【项目】面板中进入 Video Clips 素材箱，切换到图标视图下。

（2）选择你要添加的剪辑，把鼠标指针放到该剪辑的缩览图之上，然后向左或向右移动鼠标指针，浏览剪辑内容。

（3）选择你想设置入点的那一帧，按 I 键设置入点。

（4）选择你想设置出点的那一帧，按 O 键设置出点。

缩览图下方的蓝色线条表示入点与出点之间的视频片段，这个视频片段将会被添加到序列。

（5）把修剪后的剪辑拖放到【时间轴】面板中的某个轨道上（图 1.42）。

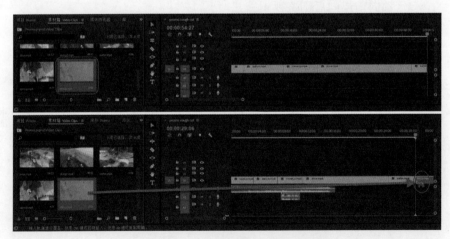

图 1.42 把修剪后的剪辑拖到【时间轴】面板中

前面，我们之所以要在【源监视器】面板中打开剪辑，最主要是为了在把它们添加到序列之前进行修剪。但是，如果你的剪辑已经是修剪好的，并且不需要在【源监视器】面板中做进一步调整，那么，我们完全没有必要再在【源监视器】面板中打开剪辑，直接把剪辑从【项目】面板或素材箱中拖入【时间轴】面板中即可。这在添加音频素材时十分常用。

接下来，我们把一些音频素材从【项目】面板添加到【时间轴】面板中。

（1）在【项目】面板中进入 Audio Clips 素材箱。

（2）选择 music-promo.wav，将其拖到【时间轴】面板中 A1 轨道的开头处（图 1.43）。

（3）选择 vo-promo.wav，将其拖入【时间轴】面板中的 A2 轨道上，大约在第 5 秒或第 6 秒的位置上。

图 1.43 把音频剪辑拖入 A1 轨道

（4）从菜单栏中依次选择【文件】>【保存】，保存整个项目。

使用键盘快捷键做粗剪

许多经验丰富的视频剪辑师更喜欢使用快捷键做粗剪，因为使用快捷键可以大大提高他们的工作效率。为了迎合视频剪辑师的这种工作方式，Premiere Pro 做了专门的设计并提供了强有力的支持。当你熟练掌握了使用 Premiere Pro 制作视频编辑的流程之后，你就可以使用这种方式来提高工作效率了。例如，你可以使用快捷键执行如下动作。

- 按 Shift+1 快捷键切换到【项目】面板或素材箱。
- 在【项目】面板或素材箱中按箭头键选择剪辑。
- 按 Shift+O 快捷键在【源监视器】面板中打开所选剪辑。

- 在【源监视器】面板中，按 L 键向后播放；按空格键播放剪辑；按 K 键暂停播放；按 J 键向前播放。在键盘上，J、K、L 这 3 个键紧挨着，因此你可以使用 3 根手指快速按下它们，以实现对视频的快速控制。

- 选择要设置入点或出点的那一帧，按 I 键或 O 键，分别设置入点与出点。

- 按逗号键把剪辑插入播放滑块当前所在的位置；按点号键把剪辑覆盖到播放滑块当前所在的位置。在键盘上，这两个键位于 J、K、L 键的右下方，操作起来非常方便。

在 Premiere Pro 基于键盘的编辑流程中，用到的快捷键已经在专业视频编辑领域中应用了许多年，而且这些快捷键已成了事实上的标准。也就是说，当你掌握了这些快捷键（如 J、K、L 键）之后，你同样可以在其他专业的视频编辑系统中使用它们来编辑视频。

1.14 了解【时间轴】面板

在使用 Premiere Pro 编辑视频的过程中，我们大部分时间都在使用【时间轴】面板，因此有必要好好了解一下它。接下来，我们将继续使用前面创建的 Promo.prproj 项目来了解【时间轴】面板。

在【时间轴】面板的主区域中，可以看到音频轨道、视频轨道、剪辑，以及其他素材。下面是【时间轴】面板中的一些常见操作（图 1.44）。

- 使用下面几种方式可以改变时间的缩放级别：面板底部的滚动条、缩放工具、加号（+）和减号（–）键、反斜杠键（\）。通过改变缩放级别，我们可以看到序列中首个剪辑与最后一个剪辑之间的持续时间。

- 对时间轴进行缩放之后，拖动面板底部的滚动条或使用手形工具可以改变序列的可见区域。

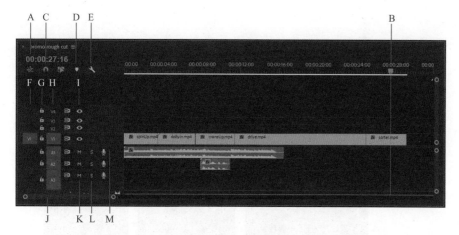

图 1.44 【时间轴】面板

A. 播放指示器位置　B. 播放滑块　C. 在时间轴中对齐　D. 添加标记（针对序列，而非剪辑）
E. 时间轴显示设置　F. 对插入和覆盖进行源修补　G. 切换轨道锁定
H. 轨道标签（视频 1、视频 2、音频 1、音频 2）　I. 切换轨道输出
J. 时间缩放　K. 静音轨道　L. 独奏轨道　M. 视频轨道与音频轨道的分隔器

- 定位、浏览与播放序列：拖动播放滑块，在当前时间显示器中输入时间或按空格键。

- 使用【时间轴】面板左侧的按钮，可以指定目标轨道、锁定轨道、隐藏轨道、静音等。

1.15　了解编辑工具

下面我们一起了解一下视频编辑中用到的一些工具和技术。我们将继续使用前面创建的 Promo.prproj 项目，但是在使用之前，你要确保【时间轴】面板中的 V1 轨道上有 4 段或 5 段视频剪辑。为此，我们需要做下面一些准备工作。

- 确保添加到【时间轴】面板中的剪辑是经过修剪了的（即有入点与出点），有些编辑工具在使用时需要剪辑上有入点与出点。

- 添加多个剪辑，使视频长度长于音频（music-promo.wav）。

我们先从工具面板（图 1.45）开始讲起，视频编辑中用到的大多数工具都集中在工具面板中。这些工具可以帮你处理视频编辑中遇到的各

> **提示**
>
> 如果你的键盘上有 Home 与 End 键，你可以使用它们跳转至序列中的不同帧。按 Home 键跳转至序列的第一帧，按 End 键跳转到序列的最后一帧。

★ ACA 考试目标 4.1

★ ACA 考试目标 4.3

选择工具 ——

向前选择轨道工具 ——

波纹编辑工具 ——

剃刀工具 ——

外滑工具 ——

钢笔工具 ——

手形工具 ——

文字工具 ——

图1.45 工具面板

图1.46 工具面板中的工具组

种情况。

在工具面板中，有些工具的右下角会有一个小三角形图标，这表示它是一个工具组，其下还隐藏着其他工具（图1.46）。把鼠标指针移动到工具组之上，按住鼠标左键会弹出一个面板，里面包含该工具组中的所有工具，想用哪个工具，从中单击选择即可。

这里我们只简单介绍一下编辑时常用的工具，更多工具的详细讲解我们将在后续各章中陆续展开。

向前选择轨道工具和向后选择轨道工具

波纹编辑工具、滚动编辑工具、比率拉伸工具

外滑工具与内滑工具

钢笔工具、矩形工具、椭圆工具

手形工具与缩放工具

文字工具与垂直文字工具

1.15.1　使用选择工具

在Premiere Pro中编辑视频时，我们大部分时间都在使用选择工具

（图 1.47），这不仅因为我们经常需要使用这个工具在时间轴上编排剪辑；还因为选择工具有一个很便捷的优点，那就是它会根据你当前的处理任务自动切换成所需要的工具。例如在时间轴中，当你把选择工具放到剪辑的末尾时，它会自动变成修剪工具，此时，你可以直接修剪剪辑，而不用更换工具。下面我们试一试。

（1）使用【选择工具】，在 promo rough cut 序列的时间轴中选择一个剪辑。此时，被选择的剪辑会高亮显示出来，好让你知道当前选择的是哪一个剪辑。

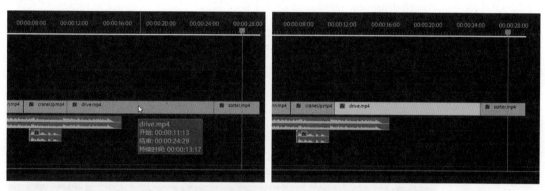

图 1.47 选择工具

（2）使用选择工具，在时间轴上拖出一个选框，该选框触及的所有剪辑都会被选择。同样，Premiere Pro 会把这些剪辑高亮显示出来，好让你知道都选择了哪些剪辑（图 1.48）。

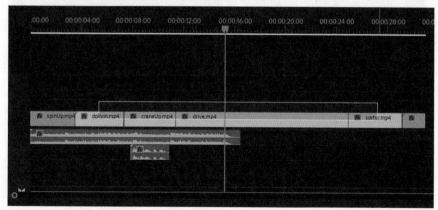

图 1.48 选择多个剪辑

选择多个剪辑后，若应用某个命令、设置或效果，被选择的所有剪辑都会受到影响。此外，你还可以使用选择工具拖动所选剪辑，沿着时间轴把剪辑移动到另外一个时间点处。

在时间轴中，还可以使用选择工具修剪剪辑。在【时间轴】面板中修剪剪辑跟在【源监视器】面板中不一样。在【源监视器】面板中修剪某个剪辑时，你只需要考虑剪辑本身。而在【时间轴】面板中修剪某个剪辑时，你要考虑在整个序列中被修剪的剪辑与其前、后剪辑之间的关系，还要注意剪辑操作对整个序列时长的影响。修剪剪辑时，我们要综合考虑上面提到的各种因素，然后选择要使用的技术。

（1）在修剪开始之前，首先在【时间轴】面板中把播放滑块（当前时间指示器）移动到你想修剪的剪辑上，然后放大时间轴，直到你可以清晰地看见待修剪处的视频帧为止。

（2）选用下面的一种方法进行修剪。

- 使用选择工具拖动剪辑的首部或尾部（图 1.49）。修剪剪辑的首部或尾部时不会改变序列的其他部分，但是有可能会在剪辑之间留下空隙。

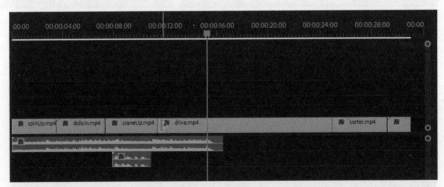

图 1.49 使用选择工具拖动剪辑的首部或尾部修剪剪辑

- 使用选择工具拖动剪辑的首部或尾部时，同时按住 Ctrl 键（Windows）或 Command 键（macOS），这样剪辑之间不会留下空隙，因为 Premiere Pro 会自动移动编辑点后面的所有剪辑把空隙填上（图 1.50）。此时，选择工具在功能上与波纹编辑工具是一样的，后面我们会详细讲解波纹编辑工具。进行波纹编辑时，Premiere Pro 会移动编辑点后面的剪辑来填充空隙，因此不会留下空隙。

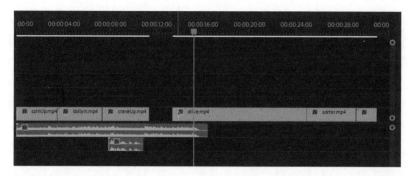

图 1.50 修剪剪辑时，按住 Ctrl 键或 Command 键，使用选择工具拖动剪辑的首部或尾部进行波纹编辑

当你拖动剪辑的一端时，可以在【节目监视器】面板中预览编辑点两侧的帧（图 1.51）。

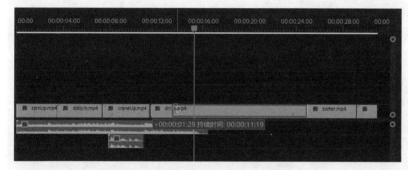

图 1.51 边编辑边预览

在【时间轴】面板中，你可以对每个剪辑进行精细修剪，以便让序列中的各个剪辑顺序正确、步调一致，并且使序列的总时长符合要求。在【时间轴】面板中修剪剪辑实质上就是调整剪辑的入点与出点。

请注意，在 Premiere Pro 中修剪剪辑是非破坏性的。入点与出点只是一些标记，调整剪辑的入点与出点只影响剪辑播放的起点和终点，而不会从源剪辑中删除视频帧。修剪剪辑时，你可以把入点往右移，以减少剪辑在序列中的可见长度。如果发现太短了，你可以再把入点往左移，让剪辑中的更多内容在序列中显示出来。

1.15.2　使用波纹编辑工具

在修剪一个剪辑的首部与尾部时，如果你不想让修剪后的剪辑与相邻的剪辑之间有空隙，那你可以使用波纹编辑工具。对于序列中的最后一个剪辑，在修剪剪辑的尾部时，我们不需要使用波纹编辑工具，因为这个剪辑的后面没有其他剪辑了，此时只需使用选择工具拖动剪辑的尾部即可。但是，如果你想修剪序列中的其他剪辑（序列中除最后一个剪辑之外的剪辑），则需要使用波纹编辑工具，因为波纹编辑不仅会影响编辑点之后的所有剪辑，还会改变序列的持续时间。

　　使用波纹编辑工具时，首先从工具面板中选择它，然后在【时间轴】面板中使用它拖动剪辑的首部或尾部即可（图 1.52）。

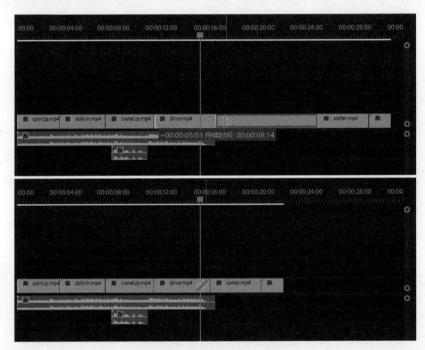

图 1.52　波纹编辑之前与之后

1.15.3　使用滚动编辑工具

　　在修剪两个剪辑之间的编辑点时，如果你不想在它们之间留下空隙，也不想改变序列总的持续时间，那么你可以使用滚动编辑工具。使用滚动编辑工具做滚动编辑时，改变的是编辑点前面那个剪辑的出点和编辑点后面那个剪辑的入点。在【时间轴】面板中，做滚动编辑就像是在改变编辑点的时间点，它只影响编辑点左右两侧的两个剪辑。

使用滚动编辑工具时，先在工具面板中选择它，然后在【时间轴】面板中使用滚动编辑工具拖动剪辑的一端即可（图 1.53）。

提示

使用工具做修剪时，请注意鼠标指针在靠近剪辑边缘时的外观与方向，要确保高亮区域是你要使用工具修剪的剪辑。

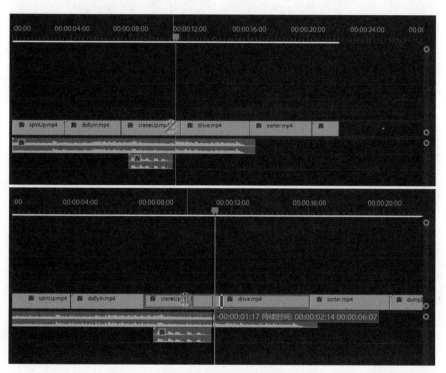

图 1.53 滚动编辑之前与之后

1.15.4 使用剃刀工具

当你想让一个剪辑从某个指定帧开始或结束时，只需使用选择工具拖动剪辑的一端即可。除此之外，你还可以使用剃刀工具从指定帧的位置把剪辑切割开。

使用剃刀工具时，先在工具面板中选择它，然后切换到【时间轴】面板，在目标剪辑上找到分割点，再单击即可（图 1.54）。此时，剪辑会变成两个实例，你可以分别编辑或者删除它们。

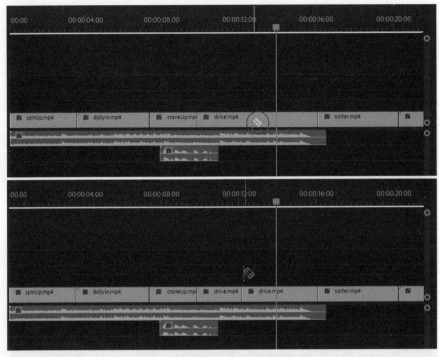

图 1.54　使用剃刀工具之前与之后

在时间轴中,使用剃刀工具单击剪辑时,剪辑会变成两个实例,而且在单击处会产生一个编辑点。该编辑点是第一个实例的出点,也是第二个实例的入点。因此,在编辑两个实例之前,使用剃刀工具分割剪辑不会对序列的播放产生任何影响。

1.15.5　使用外滑工具与内滑工具

外滑工具与内滑工具之间的区别类似波纹编辑工具与滚动编辑工具之间的区别。这两组工具的不同之处在于:波纹编辑工具与滚动编辑工具改变的是编辑点在时间轴上的位置,而外滑工具与内滑工具改变的是整个剪辑在时间轴上的位置。

如果你只想改变序列中某个剪辑的入点与出点,请使用外滑工具。在使用外滑工具沿着时间轴向前或向后移动剪辑时,发生改变的是你拖动的那个剪辑,其入点与出点都会随着你拖动的帧数而改变。序列中的其他剪辑不会发生变化，并且你拖动的那个剪辑的持续时间也不会发生变化。

当你想沿着时间轴向前或向后移动某个剪辑，又不想改变其入点与出点时，请使用内滑工具。执行内滑操作时，剪辑的持续时间不变，而且序列总的持续时间也不变，变化的是你所拖动的剪辑的前一个剪辑的出点与后一个剪辑的入点。

在时间轴中使用外滑工具或内滑工具时，给人的直观感受是：外滑操作像是把一个剪辑移动到相邻剪辑的后面，而内滑操作像是把一个剪辑移动到相邻剪辑的前面。

使用外滑工具或内滑工具（图 1.55）时，先在工具面板中选择外滑或内滑工具，然后在【时间轴】面板中使用外滑或内滑工具沿着时间轴向前或向后拖动剪辑。

外滑工具会改变一个剪辑中出现在序列中的帧

内滑工具会改变所拖剪辑前、后两个剪辑的持续时间

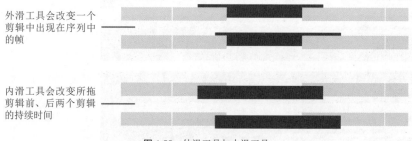

图 1.55 外滑工具与内滑工具

1.15.6 重排序列中的剪辑

大多数情况下，使用选择工具（单独使用或配合功能键使用）重排剪辑就够了。但在某些情况下，重排剪辑需要使用更加专业的工具。根据项目要求，你可以选择下面的一种方法重排序列中的剪辑（图 1.56）。

- 使用选择工具选择一个或多个剪辑，然后沿着时间轴把它们拖动到新位置，新位置处的原有内容会被直接覆盖。
- 使用选择工具选择一个或多个剪辑，然后按住 Ctrl 键（Windows）或 Command 键（macOS），沿着时间轴把它们拖动到新位置，新位置处的原有内容会被自动往后推。

■ 在工具面板中选择【向前选择轨道工具】，然后在时间轴中单击一个时间点作为选择的起点，则该时间点之后的所有轨道上的剪辑都会被选择。类似地，使用向后选择轨道工具会把单击位置之前的轨道上的所有剪辑都选择。

请注意，除了视频轨道之外，相应音频轨道上的音频也会一起被选择。

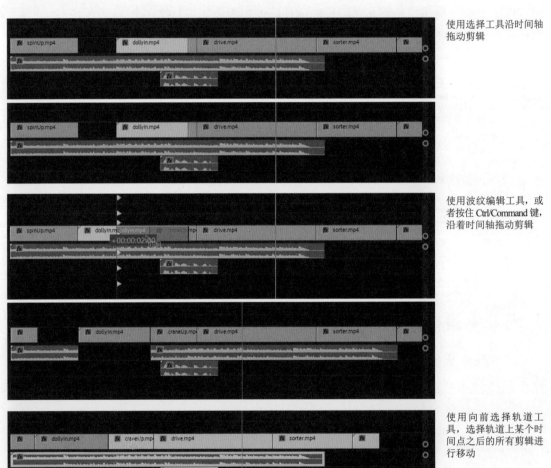

使用选择工具沿时间轴拖动剪辑

使用波纹编辑工具，或者按住 Ctrl/Command 键，沿着时间轴拖动剪辑

使用向前选择轨道工具，选择轨道上某个时间点之后的所有剪辑进行移动

图 1.56　重排剪辑的 3 种方法

1.16 使用音频

在大多数视频中，音频都是必不可少的组成部分。在 Premiere Pro 中，基本的音频编辑与视频编辑有点类似：在【时间轴】面板中处理音频剪辑、对剪辑或轨道应用效果等。

★ ACA 考试目标 3.1
★ ACA 考试目标 3.2
★ ACA 考试目标 4.7

处理音频时，一定要搞清楚你处理的是整个音频轨道还是单个音频剪辑。在 Premiere Pro 中，你既可以把效果应用到某个剪辑上，也可以应用到整个轨道上。若应用到某个剪辑上，则轨道上的其他剪辑不会受到影响。

在继续学习下面的内容之前，请先检查 promo rough cut 序列中的音频轨道是否被锁定或静音了，若是，请先解锁或取消静音。

1.16.1 了解【时间轴】面板中的音频控件

在【时间轴】面板中，你会发现每个音频轨道都有一组相同的音频控件，其中有些已经用在了视频中。音频控件位于音频轨道的左侧，有些控件与视频轨道中的控件是不一样的（图 1.57）。

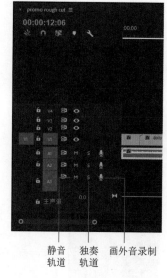

- 静音轨道：单击该按钮，相应轨道将变成静音轨道。
- 独奏轨道：单击该按钮，仅播放相应轨道中的音频，并将其他轨道上的音频全部静音。
- 画外音录制：单击某个轨道上的【画外音录制】按钮启动录制，然后开始说话；再次单击它，则停止录制，新录制的音频就会出现在轨道上。若画外音录得不对，可以右击【画外音录制】按钮，从弹出菜单中选择【画外音录制设置】，检查相关设置是否正确，如选择的音源是否正确等。

静音　独奏　画外音录制
轨道　轨道

图 1.57 【时间轴】面板中的音频控件

1.16.2 让音频波形和控件更易见

处理音频时，我们常常需要调整显示在音频剪辑上的音频控件。把音频轨道调得高一些，你能更容易地看见这些控件和音频波形。调高音频轨道的方法有如下几种（图1.58）。

- 在【时间轴】面板中单击左上角的扳手图标，从弹出菜单中选择【展开所有轨道】。
- 在【时间轴】面板左侧包含音频控件的区域中，把鼠标指针放到想调整的音频轨道的底边缘上，按住鼠标左键向下拖动。
- 在编辑多个音频轨道时，相比于视频轨道，你可能想把更多垂直空间分配给音频轨道。在左侧包含音频控件的区域中，把鼠标指针放到视频轨道与音频轨道之间的双行分隔线上，按住鼠标左键向上拖动，把更多的空间留给音频轨道。

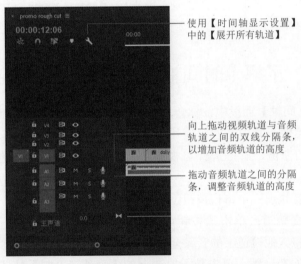

使用【时间轴显示设置】中的【展开所有轨道】

向上拖动视频轨道与音频轨道之间的双线分隔条，以增加音频轨道的高度

拖动音频轨道之间的分隔条，调整音频轨道的高度

图1.58　调整音频轨道的高度

1.16.3　显示音频仪表

若音频仪表未在程序窗口中显示出来，可以从菜单栏中选择【窗口】>【音频仪表】将其显示出来（图1.59）。

观察序列的音频电平，会发现音频电平再高也不会进入音频仪表的红色区域（-6dB ～ 0dB）。音频电平过高，进入红色区域时会让观众的耳朵感到不舒服。当然，音频电平也不应该过低，否则观众只有进一步调大音量才能听清内容。

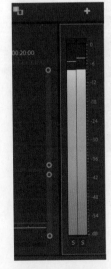

图1.59　音频仪表用于显示序列的音频电平

1.16.4　调整轨道音量

当你的项目中只有一个音频轨道时，你只需要保证这个音频轨道的音频电平适中就行了。而当你的项目中有多个音频轨道时，你必须确保这些音频轨道的音频电平相对其他音频轨道是合适的。例如，相比画外音音频轨道，背景音乐必须低一些，以使画外音能够被清晰地听到。另外，有时多个音频轨道叠加在一起会进一步提高音频电平，导致声音失真。基于上面这些原因，我们有必要调整音频轨道的音频电平，使之可随时间发生一定变化。

每个音频剪辑的中间都有一条水平线，一般我们将其称为"橡皮筋"，向上或向下拖动它，可以调整音频剪辑的音量（图1.60）。当橡皮筋是一条水平直线时，音频电平是恒定不变的。但是，你可以把橡皮筋变成曲线，使音频电平随着时间变化。

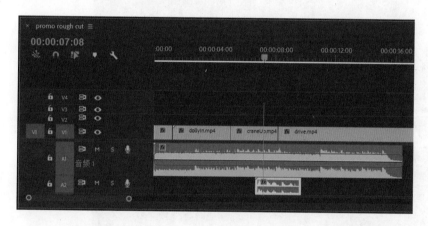

图 1.60　沿垂直方向拖动橡皮筋来调整剪辑的音量

要让音频电平随时间变化，需要先添加关键帧，再进行调整。

（1）使用下面任意一种方法添加关键帧（图1.61）。

■ 从工具面板中选择【钢笔工具】，确定要改变音量的时间点，在橡皮筋上单击即可添加关键帧。

■ 把播放滑块移动到你想添加音频关键帧的位置，然后单击该音频轨道音频头区域中的【添加 - 移除关键帧】按钮。如果你没有在音频头区域中看到【添加 - 移除关键帧】按钮，请增加音频轨道的高度，直到【添加 - 移除关键帧】按钮显示出来。

■ 从工具面板中选择【选择工具】，按住 Ctrl 键（Windows）或

提示

在轨道上拖动橡皮筋时，你可以将其拖过剪辑的顶部和底部。这样可以在更大区域内拖动，以便更好地控制音量。

Command 键（macOS）在橡皮筋的某个时间点上单击，即可添加关键帧。

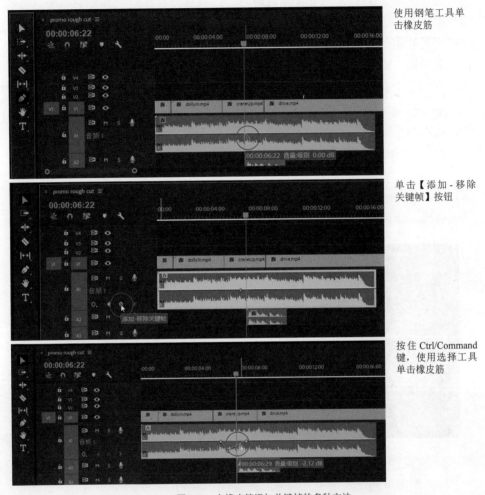

使用钢笔工具单击橡皮筋

单击【添加 - 移除关键帧】按钮

按住 Ctrl/Command 键，使用选择工具单击橡皮筋

图 1.61　向橡皮筋添加关键帧的多种方法

这里我们添加 4 个关键帧，这样在调整关键帧中间区段的音频电平时不会影响到音频轨道的其他部分。

（2）使用选择工具向上或向下拖动添加的关键帧，使音频电平随时间变化（图 1.62）。调整时，你还可以拖动两个关键帧之间的区段。

图 1.62 拖动橡皮筋上的关键帧，使音频电平随时间变化

1.17　添加简单字幕

★ ACA 考试目标 4.2

在视频制作过程中，有时需要向视频中添加文本，如片头的标题、片尾的演职人员名单，以及其他的一些提示性文本等。在视频编辑中，我们把添加到视频中的文本称为字幕。相比于以前的版本，Premiere Pro CC 2018 对字幕工具重新进行了设计，使用起来更加方便。

我们一般会选择在视频剪辑轨道之上的视频轨道中添加字幕，如 V2 轨道，以确保所添加的字幕不被视频剪辑覆盖。检查一下【时间轴】面板，保证 V2 轨道中有足够的空间可用。若没有，则拖动分隔条为其分配更多的可用空间。在左侧的视频头区域中，把鼠标指针放到视频轨道与音频轨道之间的分隔条上（双横线），按住鼠标左键向下拖动，为视频轨道留出更多空间。

接下来，我们向视频中添加文本"We get the dirty jobs done right!"，用它来强化画外音。在 Premiere Pro 中，添加文本的方式都是一样的，步骤如下。

（1）在【时间轴】面板中把播放滑块移动到文本出现的位置（图 1.63），即 A2 轨道中画外音开始的地方。

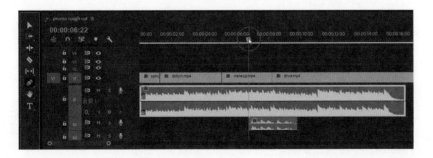

图 1.63 把播放滑块移动到文本出现的地方

（2）在工具面板中选择【文字工具】。

（3）在【节目监视器】面板中找到文本起点，单击视频画面即可创建文本输入框（图 1.64）。当然，你也可以通过拖动的方式创建一个多行文本区域。

图 1.64 在【节目监视器】面板中，使用文字工具单击视频画面即可创建文本输入框

（4）输入文本，然后执行下面的任意一种操作退出文本编辑模式（图 1.65）。

- 在工具面板中选中选择工具。此时，文本周围会出现蓝色的控制框；使用选择工具拖动控制点，可以调整文本大小。把整个文本移到画面中央。

- 按 Esc 键。如果你想使用文字工具添加另外一个文本对象，那么建议你按 Esc 键。

在【节目监视器】面板中放置文本时，请确保把它放到安全边距之内，以免文本的一部分在某些屏幕中被截掉。

在文本处于选中状态时，你可以使用如下方法编辑文本。

- 要更改文字的字体、大小、投影等文本样式与属性，请从菜单栏中选择【窗口】>【基本图形】，打开【基本图形】面板，然后单击【编辑】选项卡，在其中修改即可（图1.66）。

图1.65　文本输入完毕后，退出文本编辑模式，返回到视频编辑模式下

图1.66　【基本图形】面板

- 要编辑文本，在【节目监视器】面板中使用选择工具双击文本，或者使用文字工具单击文本，显示出文本插入点，然后编辑文本即可（例如拖选部分文本并将其替换掉）。

注意

在【基本图形】面板
中，字体菜单没有专
门的标签，【文本】
区域下的第一个下拉
列表就是字体菜单。

- 要修改单个字符的属性，首先进入文本编辑模式，选择要修改的字符，然后在【基本图形】面板中修改其属性。请注意，在【基本图形】面板中，有些选项（如对齐）会影响整段文本或整个标题。
- 要调整文本的持续时间，只需在文本轨道中拖动文本的首部或尾部即可，这与调整视频剪辑或音频剪辑的方法是一样的。

安全边距

在文本框之外，你可以看到有两个线框，它们叫"安全边距"（图 1.67）。内部线框叫字幕安全边距，外部线框叫动作安全边距。在【节目监视器】面板中，单击扳手图标，从弹出菜单中选择【安全边距】，可以显示或隐藏它们。

图 1.67 动作安全边距（外部线框）与字幕安全边距（内部线框）

在过去，安全边距非常重要，许多电视机在出厂之前都会做相应设置，把画面略微放大一些，以便更好地填充较小的屏幕。这被称为"过扫描"，因为放大画面会使图像的边缘部分被裁剪掉。过扫描的量没有统一的标准，为了确保重要内容不被裁剪掉，业界提出了安全边距这个概念，大多数电视机厂商都支持它。摄像师与视频设计师在编辑视频时务必要把重要内容放到动作安全边距内,把文本放到字幕安全边距内。

如果你制作的视频节目要在各种设备上播放,包括老式电视,那你最好还是遵守有关动作安全边距与字幕安全边距的规定。但是,如果你制作的视频只在新式数字设备(如计算机显示器、高清电视)中播放,安全边距就显得没有那么重要了,因为这些设备几乎都不使用过扫描。

1.18 视频过渡与视频效果

在序列的修剪工作完成之后,接下来就可以向序列中的剪辑应用视频过渡和视频效果来进一步改善序列了。两者之间的主要区别是,虽然过渡应用在剪辑的开始或结束部分,但它仍然会影响两边的剪辑。

★ ACA 考试目标 4.6

向剪辑添加一个效果,步骤如下。

(1)打开【效果】面板(选择【窗口】>【效果】),展开【视频效果】组(图 1.68)。

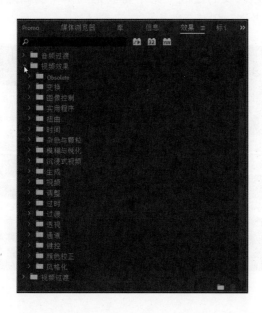

图 1.68 在【效果】面板中展开【视频效果】组

（2）选择你想要的效果，把它拖动到【时间轴】面板中相应的剪辑上（图 1.69）。此时，剪辑的左上角会显示一个紫色背景的 fx 图标。

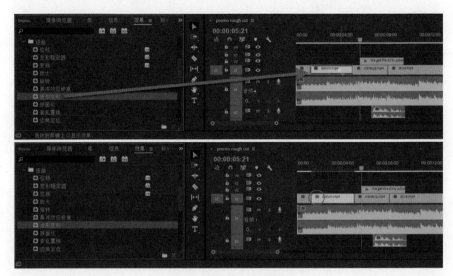

图 1.69　把效果拖放到剪辑上

向序列中添加过渡效果，步骤如下。

（1）在【效果】面板中展开【视频过渡】组。

（2）选择你想要的过渡效果，将其拖到两个剪辑之间的编辑点上（图 1.70），或者拖动到某个剪辑的首部或尾部。

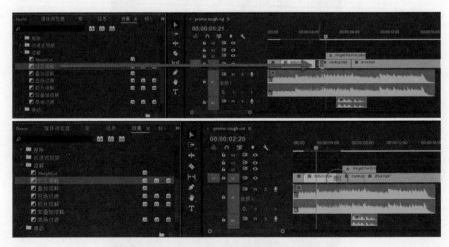

图 1.70　把过渡效果拖动到两个剪辑之间的编辑点上

就像编辑视频剪辑或音频剪辑的入点或出点一样，在【时间轴】面板中使用选择工具拖动剪辑的首部或尾部，可以直接编辑过渡的持续时间。在编辑点前后，过渡会自动调整为相同的时间。如果你只想调整过渡的某一侧，请按住 Shift 键，然后使用选择工具拖动过渡的某一侧。

添加好效果或过渡之后，你可以在【效果控件】面板中进一步调整它们，步骤如下。

（1）从菜单栏中选择【窗口】>【效果控件】，打开【效果控件】面板。

（2）在【时间轴】面板中选择你想编辑的效果，再选择其所在的剪辑，或者选择你想编辑的过渡效果。

（3）在【效果控件】面板（图 1.71）中调整各个控制选项，编辑效果或过渡。

如果一个剪辑上应用了多个效果，则 Premiere Pro 会在【效果控件】面板的视频效果或音频效果区域中把每个效果及其设置项全部列出来。

提示

在释放鼠标左键应用效果或过渡之前，请留意剪辑的哪些部分是高亮显示的。例如，在剪辑之间应用某个过渡效果之前，通常需要确保编辑点两侧的剪辑都处于高亮显示状态。

应用到所选剪辑的效果或过渡，以及相应的设置项　　　　播放滑块　　　效果或过渡的持续时间

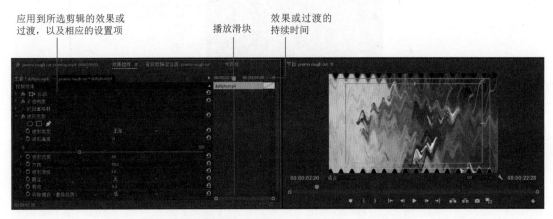

图 1.71　【效果控件】面板

1.18.1　更换默认过渡效果

在视频制作中，通过拖放方式逐个应用过渡效果会非常麻烦。为了节省时间，避免不必要的麻烦，Premiere Pro 提供了一些更为方便的方法：首先在【时间轴】面板中选择剪辑，然后从菜单栏中选择【序列】>【应用视频过渡】，或者选择【序列】>【应用默认过渡到选择项】，即可

同时应用视频过渡与音频过渡。这些菜单命令都有相应的快捷键，使用快捷键可以进一步加快过渡的应用速度。【序列】>【应用视频过渡】的快捷键是 Ctrl+D（Windows）或 Command+D（macOS），【序列】>【应用默认过渡到选择项】的快捷键是 Shift+D。

但是，如果你不喜欢默认的过渡效果，想换一个，该怎么做呢？更换默认过渡效果的步骤如下。

（1）打开【效果】面板，展开【视频过渡】组，再展开【溶解】组，当前默认效果带有蓝色边框。

（2）选择你想用作默认过渡的一种过渡效果。

（3）在【效果】面板菜单中选择【将所选过渡设置为默认过渡】（图 1.72）。

图 1.72 当前默认过渡是【交叉溶解】，执行【将所选过渡设置为默认过渡】菜单命令后，默认过渡会变成【胶片溶解】

1.18.2　应用音频过渡

音频过渡的应用方法与视频过渡类似。

- 应用音频过渡时，只需把它从【效果】面板中拖入【时间轴】面板中的两个音频剪辑之间或者某个音频剪辑的首部或尾部即可（图 1.73）。
- 在【时间轴】面板中，选择两个相邻的音频剪辑，然后从菜单栏中选择【序列】>【应用音频过渡】，或者按 Shift+Ctrl+D（Windows）或 Shift+Command+D（macOS）快捷键，应用默认音频过渡。
- 更换默认音频过渡的方法与更换默认视频过渡一样。
- 在【时间轴】面板中选择一个音频过渡后，可以在【效果控件】面板中对其做进一步编辑。

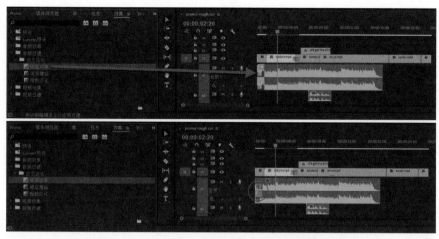

图 1.73　在两个音频剪辑之间添加音频过渡，以实现平滑过渡

适度使用视频过渡效果

Premiere Pro 提供了大量的视频过渡效果，其中有些过渡效果经常会被视频制作新手们滥用，这使得观众无法把精力集中到视频内容上。与选择视频工具一样，选择过渡效果时一定要考虑其是否有助于故事的讲述。在观看电视或电影时，请留心观察转场时使用了哪些过渡效果。其实，专业的视频剪辑师很少使用过渡效果，大部分时间他们只使用基本的剪辑技巧和淡入淡出效果。

为过渡留出足够的剪辑时间

有时在添加了一个过渡效果之后，你会发现过渡的持续时间没预想的那么长，或者会看到一条错误提示信息："媒体不足。"当过渡涉及的剪辑没有为过渡留出足够的时间时，上述问题就会出现。例如，你想在两个剪辑之间添加一个 1 秒长的过渡效果，那么在第一个剪辑的出点之后必须留出 0.5 秒的时间，同时在第二个剪辑的入点之前也必须留出 0.5 秒的时间。如果原始剪辑没有留出足够的过渡持续时间，你可以使用如下方法处理。

- 缩短或删除过渡。
- 让过渡延伸到场景中。
- 重复修剪首部或尾部的帧，留出足够的过渡持续时间。

许多情况下，使用上述方法得到的结果并不理想。为了避免在添加过渡时出现"媒体不足"问题，录制视频片段时最好多录一些，在正式片段开始之前先录几秒，在正式片段结束之后多录几秒。因此，许多摄像师在两个场景的拍摄间隙也不会停止录制。

1.19　导出视频文件

你在【节目监视器】面板中看到的序列并不是最终视频，本质上，它仍然是一系列剪辑与其他素材的临时组合，Premiere Pro 使用序列帮用户把它们组织在一起，以供用户进行编辑，这在 Premiere Pro 之外是不存在的。为了让项目成为独立的视频文件，我们需要把序列导出为视频。

★ ACA 考试目标 5.1
★ ACA 考试目标 5.2

导出序列之前，最好先在【节目监视器】面板中浏览一下整个序列，检查并修改序列中存在的问题。

导出序列时，Premiere Pro 不仅会把序列的所有组成部分合并到一个文件中，还会为序列中的所有素材转换格式，同时会压缩数据以减小文件尺寸。

★ ACA 考试目标 5.1

对视频的每一帧做这些处理会加重计算机的负担，而且处理起来会花很长的时间。视频的分辨率越高（如 4K）、应用的效果越多、序列越长，所要耗费的导出时间越长，有时甚至需要几小时。为计算机装配速度更快、核心数更多的 CPU 或者功能更强大的图形卡（支持 Mercury Playback Engine GPU 加速），可以大大缩短导出时间。

【导出设置】对话框中包含大量导出选项，通过这些选项，你可以对导出做各种设置。虽然导出选项有很多，但因为 Premiere Pro 提供了一种简单的方法——预设，即 Premiere Pro 为大多数常见的播放设备提供了导出预设，所以并不麻烦。如果你制作的视频要在一些常见设备上播放，那么在导出视频时，直接选择相应的预设进行导出就可以了。

接下来，我们将根据本章开头提出的"项目需求"把序列导出：适合在线视频网站使用的高清压缩视频。

导出序列的步骤如下。

（1）在【时间轴】面板、【项目】面板或者素材箱中，使要导出的序列处于活动或选择状态。

（2）在菜单栏中选择【文件】>【导出】>【媒体】，打开【导出设置】对话框（图 1.74），进行导出设置。

图 1.74　在【导出设置】对话框中进行导出设置

（3）从【格式】下拉列表中选择【H.264】。

这一步很重要，因为选择不同的格式，Premiere Pro 提供的"预设"不同。

（4）在【预设】下拉列表中选择【YouTube 720p HD】。

（5）单击蓝色输出名称，在【另存为】对话框中转到目标文件夹下（这里是 Exports），输入导出视频的名称（promo rough cut.mp4），单击【保存】按钮（图 1.75）。

（6）单击【元数据】按钮，在【元数据导出】对话框（图 1.76）中输入版权公告信息、关键字等，使其更容易在线上被找到。根据项目或客户的要求，输入相关元数据，单击【确定】按钮。

图 1.75　为导出视频指定保存位置与名称

提示

若多个项目共用相同的元数据，则你可以在【元数据导出】对话框中创建包含这些元数据的“导出模板”。在导出其他项目的过程中设置元数据时，直接选择你想用的“导出模板”即可。

提示

对照片来说，你可以随时为它添加元数据。但是，对视频来说，最好还是在视频导出期间添加元数据，这比导出之后再添加要容易得多。

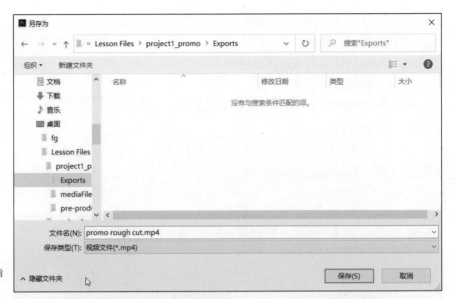

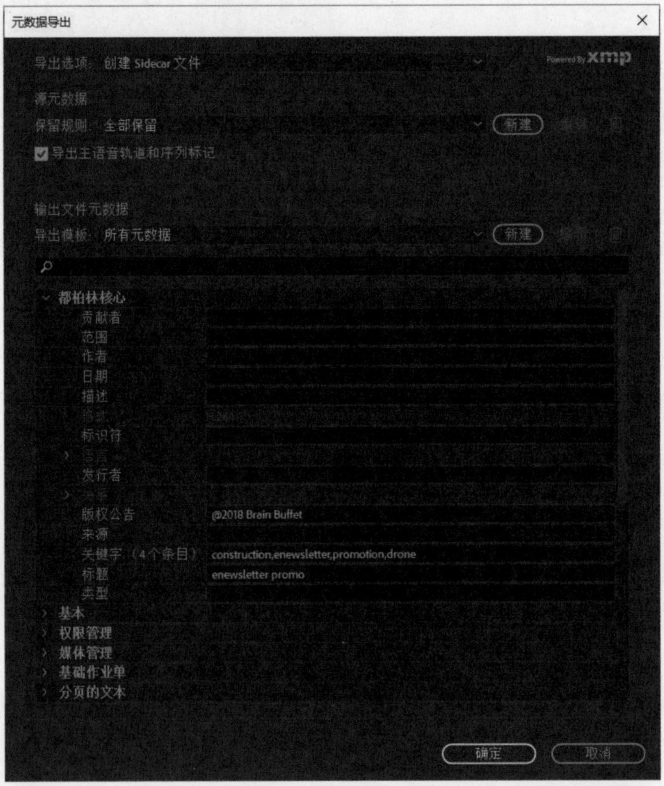

图 1.76　【元数据导出】对话框

（7）导出完成后，进入 Exports 文件夹，双击 promo rough cut.mp4，选择视频播放器打开它，检查导出视频是否符合要求。

了解【导出设置】对话框

导出视频时，你可以直接从【预设】下拉列表中选择符合要求的预设使用，这样你就不用再逐个设置导出选项了，既省事又方便。尽管如此，我们最好还是了解一下【导出设置】对话框中各个导出选项的含义。下面我们一起了解一下它们。

在【导出设置】对话框顶部的【导出设置】选项组中有 4 个必设项，分别是格式、预设、文件名、保存位置。

在【导出设置】对话框的中部区域中有 6 个选项卡。当你选择了某个预设之后，Premiere Pro 会自动设置这些选项卡中的选项，因此在许多情况下，我们并不需要"触碰"这些选项卡及其中的选项。但是，如果你需要修改它们，那么在动手修改之前，你必须先了解各个选项卡的用途。

- 效果（图 1.77）。在应用某个效果时，如果你并不想把它直接应用到原始序列上，而只想将其应用到导出的视频上，那么你可以在【效果】选项卡中勾选要使用的效果，从而将其仅应用到要导出的视频上。当你需要让序列符合指定的交付要求（如视频限幅、响度标准化）或者在导出视频中叠加图像时，就需要在【效果】选项卡中进行设置。

- 视频（图 1.78）。【视频】选项卡中包含了一些常用的导出设置，如帧大小、比特率等。降低比特率可以有效地减小导出视频的大小，但同时画面质量会下降。因此，设置比特率时一定要在文件大小与画面质量之间做好权衡。

- 音频（图 1.79）。在【音频】选项卡中可以设置音频格式、比特率等。

- 多路复用器（图 1.80）。如果你不了解多路复用器的相关知识，建议你通过选择预设来设置【多路复用器】选项卡。

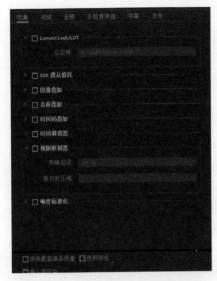

图 1.77 在【效果】选项卡中调整导出视频
不会影响原序列

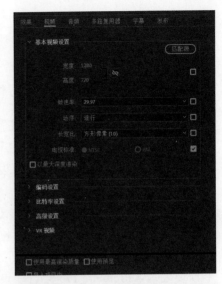

图 1.78 在【视频】选项卡中修改视频导出选项

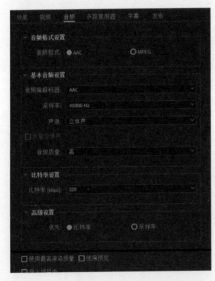

图 1.79 在【音频】选项卡中设置音频导出选项

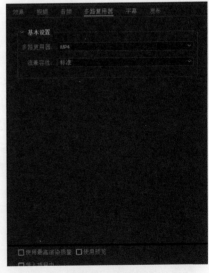

图 1.80 【多路复用器】选项卡中包含
【多路复用器】选项

■ 字幕（图 1.81）。如果你向序列中添加了隐藏式字幕，那么你可
以在这个选项卡中指定字幕的导出方式。在本章制作的视频中，
我们没有使用隐藏式字幕。

■ 发布（图1.82）。如果你想把导出的序列直接上传到社交网站，那么你可以在这个选项卡中填写社交网站的账号。这样当视频导出完毕后，Premiere Pro 会把导出的视频上传到你指定的社交网站。

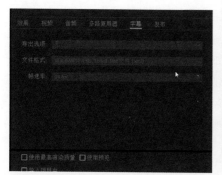 

图 1.81 在【字幕】选项卡中设置字幕导出选项

图 1.82 在【发布】选项卡中输入社交网站账号，视频导出完毕后，Premiere Pro 会把导出的视频上传到你指定的社交网站

在【导出设置】对话框中做出相应的修改之后，你可以单击【保存预设】按钮，把它们保存为预设，方便日后使用。

使用 Adobe Media Encoder 导出，还是直接导出？

把序列导出为视频文件的方法有两种：一种是在 Premiere Pro 的【导出设置】对话框中单击【导出】按钮，把序列直接导出为视频文件，本章采用的就是这种方法；另一种方法是在【导出设置】对话框中，单击【队列】按钮，把序列发送到 Adobe Media Encoder 中进行导出。Adobe Media Encoder 是一个与 Premiere Pro 配套的独立视频导出程序，具备如下优点。

- Adobe Media Encoder 在后台执行导出任务，这期间你可以返回到 Premiere Pro 中继续编辑处理其他序列。
- 你可以把多个导出任务从 Premiere Pro 发送给 Adobe Media Encoder，它会自动把这些导出任务放入一个队列中，然后依次完成。而在 Premiere Pro 中导出序列时，只能等一个序列导出完成之后，再手动导出下一个。
- 如果你想把一个序列导出为多个版本，并且不同版本之间只有导出设置不同，那么你可以在 Premiere Pro 中把序列导出一次，然后在 Adobe Media Encoder 中复制它，并修改每个副本的导出设置，从而导出多个版本。这种方法比把一个序列从 Premiere Pro 多次发送到 Adobe Media Encoder 中进行导出要快，而且更加简单。

Adobe Media Encoder 也是一个独立的视频转换程序，你甚至可以单独使用它把视频文件从当前格式转换成另外一种格式，这个过程就叫 "转码"。例如，你可以把多个视频文件拖入 Adobe Media Encoder 队列，然后选择一种导出预设，把它们转换成指定的播放格式。

1.20　自己动手

前面我们介绍了 Premiere Pro 的用户界面，了解了从准备素材到导出视频的完整视频制作流程。接下来，你该自己动手尝试制作一个视频项目了。

假设你要为一个学校、俱乐部、企业或非营利组织制作一个时长为 15 ～ 30 秒的宣传视频。这个项目中要用到的素材，如视频素材、文字、音乐、配音，请你自行拍摄或上网搜集。

例如，项目中需要使用一段背景音乐，你可以上网搜索一些获得了 CC（Creative Commons，知识共享）许可的音乐。CC 许可有好几种类型，请确保你要用的音乐的许可类型符合你的要求。

制作好项目之后，请把它分享给你的朋友，或者上传到视频网站中。

制作一段精彩视频的秘诀如下。

- 简短。
- 有规划。与你的客户进行座谈，明确视频的用途。
- 拍摄高质量的视频。拍摄时，要端稳摄像机，且场景的照明要考究。
- 注重文件管理。
- 如果预算吃紧，请使用获得了 CC 许可的音乐素材。

1.21　小结

到这里，你应该对使用 Premiere Pro 编辑视频的完整流程有了清晰的了解。本章我们学习了项目文件的组织方式、Premiere Pro 的各种面板和工作区，了解了如何组织素材文件夹、新建项目，以及添加文件到项目中。此外，我们还学习了如何创建序列，为序列添加视频、音频和文本等，还有如何把序列导出为最终视频文件。

本章中我们学习了很多有关 Premiere Pro 的内容，但这才是第 1 章，在后续各章中，我们将继续学习有关 Premiere Pro 的更多、更丰富的内容。

本章目标

学习目标

- 在【时间轴】面板中完成编辑
- 提升与提取
- 导出 JPEG 格式的图像
- 创建 L 与 J 剪接
- 创建下三分线字幕
- 向字幕中插入图片
- 创建滚动字幕
- 使用辅助镜头
- 变速与时间重映射
- 调整音量
- 去抖
- 合并视频与音频剪辑
- 导出视频

ACA 考试目标

- 考试范围 1.0
  确定项目需求
  1.1、1.2、1.4、1.5

- 考试范围 2.0
  了解数字视频
  2.1、2.2、2.3、2.4

- 考试范围 3.0
  组织项目
  3.1

- 考试范围 4.0
  创建与调整视觉元素
  4.1、4.2、4.3、4.4、4.5、4.6、4.7

- 考试范围 5.0
  使用 Premiere Pro 导出视频
  5.1、5.2

第 2 章

制作访谈视频

本章我们要制作的视频项目不长，它是一个精彩访谈视频。与上一章一样，本章的视频项目也是一个虚拟项目，旨在帮助你学习使用 Premiere Pro 编辑视频。在本章视频项目的制作过程中，不仅会用到上一章学习的知识与技能，还会用到一些新的视频编辑技术。

2.1　制作准备

前面我们提到过，在制作一个视频项目之前，必须先明确项目需求。本章的视频项目需求如下。

★ ACA 考试目标 1.1

★ ACA 考试目标 1.2

- 客户：Brain Buffet 媒体制作公司。
- 目标受众：年龄介于 18 ~ 28 岁的专门人才与学生。
- 目的：帮助客户了解 Brain Buffet，展现公司员工饱满的工作热情，增强客户对公司的信任。
- 交付要求：时长为 1 ~ 2 分钟，要求以员工的访谈为主，并配上高质量的视频片段；配乐要积极向上；带有公司标志的字幕出现在画面的下三分之一处；格式为 H.264。

列出素材文件

本项目中用到的素材已经为各位准备好了，包含如下内容。

- 访谈视频。
- 滑雪视频。

- Brain Buffet 公司标志。
- 背景音乐：从素材网站购买的时长为 2 分钟的音乐。

使用上面这些素材，足够完成本章视频项目的制作工作，你不用自己准备任何素材。

2.2 创建访谈项目

★ ACA 考试目标 2.1

首先我们创建访谈项目，并借此回顾一下前面学过的内容。

★ ACA 考试目标 2.4

2.2.1 组织项目文件

使用上一章学习的项目文件组织方式为本章项目创建文件夹，然后解压缩 project2_snowboarding.zip 文件，把文件放入相应的项目文件夹中。

2.2.2 新建项目

接着创建 interview 项目。

（1）启动 Premiere Pro，在【开始】窗口中单击【新建项目】按钮，打开【新建项目】对话框（图 2.1）。

（2）在【名称】文本框中输入"interview"。

（3）单击【位置】右侧的【浏览】按钮，转到 project2_snowboarding 文件夹下，进入 Project 文件夹，单击【选择文件夹】按钮。

当你选择了保存项目的文件夹之后，默认情况下，【暂存盘】选项卡中的所有路径都将被设置成相同的文件夹（与项目相同）。本章项目中我们将保持默认设置不变。此外，【收录设置】选项卡中的选项也保持默认设置不变。

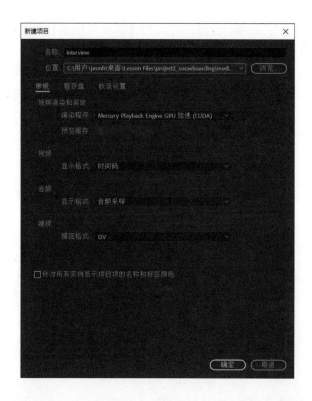

图 2.1　在【新建项目】对话框中设置项目名称与保存位置

2.2.3　使用【媒体浏览器】面板导入素材

创建好项目之后，接下来我们就该导入项目中使用的素材了。前面我们已经学过两种导入素材的方法了，分别是使用【文件】>【导入】命令或按对应的快捷键。除此之外，还有另外一种导入素材的方法，那就是使用【媒体浏览器】面板。在某些情况下，使用【媒体浏览器】面板导入素材会更加方便。

在 Premiere Pro 中，你可以使用【媒体浏览器】面板轻松浏览计算机硬盘、外置硬盘、网盘、存储卡中的素材。

首先，单击【媒体浏览器】面板将其激活。若【媒体浏览器】面板未在程序窗口中显示出来，请从菜单栏中选择【窗口】>【媒体浏览器】将其显示出来。

接下来，把【媒体浏览器】面板最大化，以方便查找与导入素材。

（1）把鼠标指针置于【媒体浏览器】面板之中，切勿单击。

（2）按键盘左上角的波浪线键，把【媒体浏览器】面板最大化。

Windows 操作系统或 macOS 下的文件浏览器你肯定用过，【媒体浏览器】面板（图 2.2）的组织方式与文件浏览器类似。在左侧面板中选择【存储器】，单击其左侧的箭头可以将其展开。当你单击选择某个存储器或文件夹后，Premiere Pro 会在右侧面板中把其中包含的文件夹与文件显示出来。

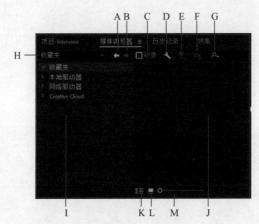

图 2.2 【媒体浏览器】面板

A. 上一步　B. 前进　C. 收录　D. 打开收录设置　E. 文件类型已显示　F. 目录查看器　G. 搜索
H. 最近目录　I. 目录　J. 子文件夹及文件　K. 列表视图　L. 缩览图视图　M. 缩览图大小

导入一些素材，步骤如下。

（1）在左侧面板中找到 project2_snowboarding 文件夹，进入 MediaFiles 文件夹，其中包含项目中要使用的素材。

若左侧面板太窄，无法显示完整的文件路径与名称，请把鼠标指针放到面板右侧的分隔条上，然后按住鼠标左键向右拖动，增加左侧面板宽度。

（2）浏览 project2_snowboarding>MediaFiles 文件夹的各个子文件夹中的内容。浏览视频素材时，你可以把鼠标指针移动到视频剪辑的缩览图上，然后左右移动鼠标指针浏览视频剪辑内容。

（3）选择你想导入的素材。这里，我们在 MediaFiles 文件夹中选择除 Project 文件夹之外（不需要导入项目本身）的所有文件夹。

（4）执行如下操作之一（图 2.3）。

■　从菜单栏中选择【文件】>【从媒体浏览器导入】。

- 使用鼠标右键（Windows）或按住 Control 键（macOS），单击所选文件夹，从弹出菜单中选择【导入】。
- 若【项目】面板或素材箱可见，可以把所选文件夹直接从【媒体浏览器】面板拖入【项目】面板或素材箱中。

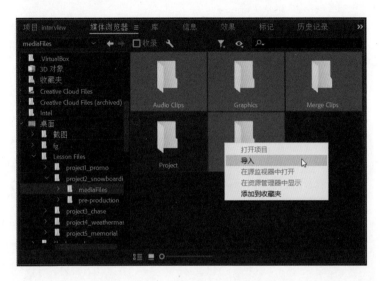

注意

过去，视频剪辑师会使用真实的箱子（容器）来组织编辑时使用的物理录像带。因此，"素材箱"这个术语一直沿用至今。

图 2.3 在【媒体浏览器】面板中选择要导入的文件夹，然后右击，从弹出菜单中选择【导入】

（5）把鼠标指针置入【媒体浏览器】面板中，按波浪线键，把【媒体浏览器】面板恢复成正常大小。

（6）单击【项目】选项卡（或按 Shift+1 快捷键），进入【项目】面板中。此时，在【项目】面板中，你可以看到刚刚导入的几个素材文件夹。

注意

【从媒体浏览器导入】命令的快捷键是 Alt+Ctrl-I (Windows 操作系统)或Option+Command-I (macOS)。

为什么使用媒体浏览器？

相比【导入】对话框，使用【媒体浏览器】面板导入素材有如下几点好处。

- 在【媒体浏览器】面板中浏览素材时，更直观、交互性更好。例如，在【媒体浏览器】面板中，你可以在视频剪辑缩览图上左右移动鼠标指针来浏览视频内容。
- 对于使用 AVCHD（Advanced Video Coding High Definition）格式拍摄的视频素材，使用【媒体浏览器】面板导入会更方便。AVCHD 格式的素材是一个文件夹，其中包含多个文件夹与文件，你必须在 Premiere Pro 中把它们"组装"在一起。但是在【媒体浏览器】面板中，只要选择了包含素材的最顶层文件夹，Premiere Pro 就会自动把它们组合成易于处理的视频剪辑。

- 你不必等到素材导入之后才应用 Premiere Pro 的收录设置。在【媒体浏览器】面板中勾选面板顶部的【收录】复选框，然后单击【收录设置】按钮（扳手图标），检查当前收录设置是否正确。
- 单击【收录设置】按钮，可指定导入素材时收录素材的方式。
- 在拍摄某场活动时，由于某些原因（如视频文件大小或录制时长的限制），你拍摄了多个视频文件。在【媒体浏览器】面板中选择多个素材片段，导入时，Premiere Pro 会把这些素材片段拼接成一个完整的素材。
- 使用【媒体浏览器】面板浏览摄像机存储卡中的素材文件时，你可以勾选【收录】复选框，把素材复制到你指定的文件夹中。这样，当你把存储卡从计算机中移除时，导入的素材仍然是可用的。也就是说，勾选【收录】复选框后，Premiere Pro 会自动在导入素材之前先把它们复制到指定的位置，这样我们就不用手动进行复制了。

使用【媒体浏览器】面板浏览素材时，请记住一点：在执行导入素材操作之前，你只是在浏览保存在存储卡与硬盘中的素材，这些素材并未被导入项目中；已导入项目中的素材会在【项目】面板中列出来，但不会在【媒体浏览器】中列出。

2.3 新建序列

★ ACA 考试目标 2.1

　　在第 1 章中，我们讲了如何基于某个剪辑创建序列（序列设置与剪辑设置一样）。这里，我们介绍另外一种创建序列的方式：从零开始创建序列。这意味着你必须自己指定序列设置。这种序列创建方式不如基于某个剪辑创建方便，但是当你要创建的序列与剪辑有不同的设置时，你可能必须使用这种创建方式。

从零开始创建序列时，需要用到【新建序列】对话框，其中包含如下 4 个选项卡。

- 序列预设。类似其他预设，使用序列预设能够为你节省大量时间，【序列预设】选项卡中有大量常见的视频格式与摄像机类型。选择某个序列预设后，Premiere Pro 能够自动设置【设置】选项卡中的各个选项。
- 设置。在这个选项卡中，你可以为序列指定视频、音频、视频预览的各项设置。指定这些设置时，你应该根据制作要求与运行 Premiere Pro 的硬件来进行。如果【序列预设】选项卡中某个预设满足你的制作要求和所使用的硬件的要求，你可以直接选择那个预设，而不需要再在【设置】选项卡中做任何设置了。
- 轨道。【轨道】选项卡中的设置不需要做任何修改，因为你可以在【时间轴】面板中轻松地向序列中添加轨道。如果你事先知道序列中需要多少个音频和视频轨道，在【轨道】选项卡中添加它们会很方便。
- VR 视频。若你要创建的序列是用来编辑 360° 视频的，那么你可以在这个选项卡中对序列做一些必要的设置。本章我们不会编辑 VR 视频，所以不用设置这个选项卡。

创建与配置一个空序列，步骤如下。

（1）在【项目】面板中使用前面学过的任意一种方法创建一个 Sequences 素材箱，专门用来存放序列。

就本章项目来说，这一步不是必需的。但是，如果你的项目中包含很多序列，那最好还是创建一个专门的素材箱，用来存放项目中的序列。

（2）双击 Sequences 素材箱，将其打开。

（3）执行如下操作之一，新建一个空序列。

- 从菜单栏中选择【文件】>【新建】>【序列】。
- 在【Sequences 素材箱】面板中单击【新建项】按钮，从弹出菜单中选择【序列】。
- 在【Sequences 素材箱】面板中右击空白区域，从弹出菜单中选择【新建项目】>【序列】。

（4）在【新建序列】对话框中单击【序列预设】选项卡（图2.4），基于如下要求选择一个预设。

- 与用于拍摄视频素材的摄像机类型最接近的预设。
- 预设要满足项目的制作要求，例如后期主管提供给你的参数设置。

展开 DV-NTSC 文件夹，选择其中的【标准 48kHz】。这个预设与剪辑不匹配，下一小节中我们将学习如何修改它。

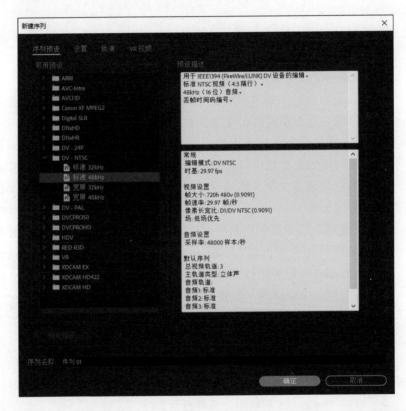

图 2.4 为新建序列选择一个预设

（5）单击【设置】选项卡（图2.5），检查序列设置，你可以根据自身需要对设置做一些修改。

（6）若你的项目需要设置【轨道】与【VR 视频】选项卡中的选项，请重复步骤（4）。这里我们不需要设置这两个选项卡。

（7）在【新建序列】对话框底部的【序列名称】文本框中输入名称。这里我们输入"snowboard project"。

图 2.5 【设置】选项卡中显示了序列的音频与视频设置

（8）单击【确定】按钮。此时，你就可以在【项目】面板、【节目监视器】面板和【时间轴】面板中看到新创建好的序列了。

请注意：创建序列时，序列设置不必非得与序列中的任意一个剪辑或导出设置保持一致。录制视频素材时可以使用 4K 与 2K 摄像机，编辑时，可以把这些素材统一放到一个带 5.1 环绕声的 4K 序列中。而在导出时，可以指定特定设置，把序列导出为带立体声的 2K 视频。

如果项目很简单，并且用到的素材都是用同一台摄像机拍摄的，那么，最好还是基于一段已有的素材创建序列，从零开始创建序列比较麻烦。导出时，你可以指定不同的导出设置。也就是说，开始时先基于摄像机拍摄的素材创建序列，在做了各种编辑处理后，把序列导出为所需要的格式并上传到互联网上。

剪辑不匹配警告

在把一个剪辑拖入一个序列时，若两者有不同的设置，例如你创建的序列是长宽比为 4∶3 的标清（SD）画面，而向序列中添加的剪辑是长宽比为 16∶9 的高清（HD）视频。此时，Premiere Pro 会弹出【剪辑不匹配警告】对话框（图 2.6）。

图 2.6 【剪辑不匹配警告】对话框

如果你肯定序列设置是对的，而且要求添加到序列中的所有剪辑都应该匹配这个序列设置，请单击【保持现有设置】按钮。

如果想改变序列设置，使其匹配添加的剪辑的设置，请单击【更改序列设置】按钮。

执行如下操作更改序列设置。

（1）在【项目】面板中展开 Video Clips 素材箱，选择 interview.mp4 剪辑，将其拖动到【时间轴】面板中的 V1 轨道的开头处。

新建序列时，若你在【新建序列】对话框的【序列预设】中选择的是 DV-NTSC 文件夹下的【标准 48kHz】，则执行上面操作后，Premiere Pro 会弹出【剪辑不匹配警告】对话框，指出"此剪辑与序列设置不匹配"（包括帧大小、画面长宽比）。前面创建序列时使用的设置是不对的，所以我们应该更改序列设置，以使其与剪辑的设置匹配。

（2）在【剪辑不匹配警告】对话框中单击【更改序列设置】按钮，更改序列设置，使其与添加的剪辑的设置匹配。

（3）保存项目。

若剪辑与序列的设置相差很大，在【剪辑不匹配警告】对话框中不管是单击【更改序列设置】按钮还是单击【保持现有设置】按钮，所得到的序列都会跟你想的有很大出入。例如，单击【更改序列设置】按钮，为了匹配添加的剪辑，Premiere Pro 会使序列的宽变得很大；单击【保持现有设置】按钮，为了匹配序列，Premiere Pro 会对添加的剪辑进行裁剪，使其匹配序列更小的帧尺寸和更小的长宽比。

单击【更改序列设置】按钮后，从菜单栏中选择【序列】>【序列设置】，可以查看序列设置都发生了哪些变化。【序列设置】对话框与【新建序列】对话框中的【设置】选项卡中的选项是一样的。

当你不知道如何设置序列时，请使用剪辑设置来创建序列，这种方法较为保险。

2.4 深入了解工作区

在 Premiere Pro 中，你可以自定义工作区，这将有助于你提高工作效率。为此，我们有必要深入了解一下 Premiere Pro 中的各种面板与工作区。

2.4.1 自定义工作区

有关 Premiere Pro 工作区的内容，我们在第 1 章中已经讲。接下来我们一起复习一下这些内容，并了解一下【工作区】面板（图 2.7）与【编辑工作区】对话框。

★ ACA 考试目标 2.2

经过前面的学习，你应该掌握了如下内容。

- 打开当前未显示的面板。
- 调整面板大小。
- 通过停靠的方式重排面板。
- 通过编组的方式重排面板。
- 恢复上一次保存的工作区。
- 选择不同工作区。

请自行练习选择、修改、保存、恢复工作区等操作，并且掌握如何使用拖放的方式来控制面板的位置。

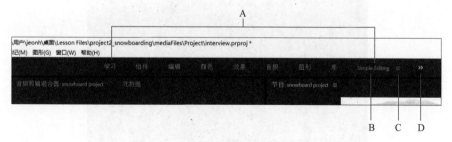

图 2.7 【工作区】面板

A. 工作区　B. 当前工作区，高亮显示　C. 面板菜单　D. 溢出菜单

如果你还没用过【工作区】面板，请先花一点时间了解一下。相比【窗口】菜单，使用【工作区】面板管理工作区要方便得多，因为【工作区】面板在程序窗口中总是可见的。使用【工作区】面板的步骤如下。

（1）若当前【工作区】面板不可见，请从菜单栏中依次选择【窗口】>【工作区】，将其在程序窗口中显示出来。

（2）在【工作区】面板中单击某个工作区名称，即可切换到该工作区中。

若有多个工作区，超出了【工作区】面板的宽度，则 Premiere Pro 会把一部分工作区放入溢出菜单中隐藏起来。使用时，只需单击展开溢出菜单，然后从弹出菜单中选择需要的工作区名称，即可切换到相应的工作区中。

在【编辑工作区】对话框（图 2.8）中，你可以自定义【工作区】面板。

（1）执行如下操作之一，打开【编辑工作区】对话框。

- 在【工作区】面板中单击展开溢出菜单（位于面板最右侧的双箭头图标），从弹出菜单中选择【编辑工作区】。

- 在【工作区】面板中单击展开当前工作区名称右侧的面板菜单（3条横线图标），从弹出菜单中选择【编辑工作区】。

- 从菜单栏中选择【窗口】>【工作区】>【编辑工作区】。

（2）在【编辑工作区】对话框中拖动各工作区名称，按照你需要的顺序排列它们即可。

图 2.8 【编辑工作区】对话框

- 向上或向下拖动工作区名称可以改变工作区的显示顺序。例如，在工作区下拉列表中，你可以把自己常用的工作区拖到最顶部，让它们显示在【工作区】面板的最左侧。
- 把某个工作区拖动到【栏】之下，可使其显示在【工作区】面板栏中。
- 把某个工作区拖动到溢出菜单之下，可使其显示在溢出菜单中。
- 把某个工作区拖动到【不显示】之下，可使其从【工作区】面板的栏与溢出菜单中隐藏。

（3）单击【确定】按钮。

2.4.2　深入了解【项目】面板

在【项目】面板中，你不仅可以浏览导入项目中的素材，还可以看到其他很多有用的信息。借助这些信息，你可以轻松找到所需要的项目素材。

下面我们一起深入了解一下【项目】面板。

（1）打开前面创建的 interview.prproj 项目。

（2）在【项目】面板中双击 Video Clips 素材箱，进入其中。

（3）切换到【组件】工作区。

在【组件】工作区，【项目】面板占据了左半边工作区。当你需要花大量时间在【项目】面板中组织素材时，使用这种面板布局会非常方便。做粗剪时，不需要考虑太多细节，所以只用到【项目】面板、【节目监视器】面板和【时间轴】面板。此时，使用【组件】工作区会非常方便。

在 Premiere Pro 中，你可以自定义【项目】面板（图 2.9），步骤如下。

（1）拖动【项目】面板底部的滑块（用于调整图标和缩览图的大小），调整素材缩览图的大小。

增大视频缩览图的大小，在视频缩览图上左右移动鼠标指针时，可以更清晰地浏览视频内容。减小视频缩览图的大小，【项目】面板中可以同时显示更多的视频素材，方便用户查看浏览。

（2）单击【项目】面板底部的【排序图标】按钮，从弹出菜单中选择一种排序方式。

图 2.9 【项目】面板：图标视图、调整图标和缩览图的大小、排序图标

例如，你可以选择以【视频使用情况】为依据排序，这样你可以轻松地知道哪些剪辑已经在序列中使用了。若选择以【用户顺序】为依据排序，则 Premiere Pro 会依据用户的拖移操作来排列剪辑的顺序。

2.4.3 【项目】面板中的列表视图

【项目】面板中提供了两种视图：一种是图标视图，在这种视图下，项目中的视频素材以缩览图的形式呈现，你可以很方便地浏览各个视频素材；另一种是列表视图，在这种视图下，你可以看到视频素材的多种信息。当你希望查看视频素材的信息时，可以在【项目】面板中切换到列表视图下。【项目】面板中的列表视图与 Windows 操作系统、macOS 下的列表视图在工作方式上是一样的，各个素材项以紧凑的文本列表形式呈现。每一项都包含若干列，分别显示素材项的各种信息（元数据）。

图 2.10 处于列表视图下的【项目】面板

切换到列表视图下（图 2.10），步骤如下。

（1）在【项目】面板底部单击【列表视图】按钮，切换到列表视图下。

如果你想查看素材的元数据，那相比图标视图，列表视图会更有用。

在列表视图下单击某一列，Premiere Pro 会按照该列重排各个素材项，这与 Windows 操作系统、macOS 下的列表视图是一样的。

（2）拖动【项目】面板底部的水平滚动条，可查看更多的元数据列。

请注意，在列表视图下，素材项的某些列的值是灰色的，某些是蓝色的，蓝色的列值表示你可以编辑它。例如，如果你想编辑某个剪辑的入点与出点，可以在【视频入点】与【视频出点】列下单击蓝色数值，然后直接输入相应的时间数值。

在列表视图下，还有些列的值是空白的，你可以在这些列中输入文本。例如，在浏览某个剪辑时，可以在【说明】列中输入文字用作注释说明。

在【元数据显示】对话框中，可以添加或删除某些元数据列，只保留你感兴趣的那些列，从而让列表视图更方便使用。

编辑列表视图下显示的元数据列，步骤如下。

（1）执行如下操作之一。

■ 单击【项目】面板菜单，从弹出菜单中选择【元数据显示】。

■ 右击某个列名，从弹出菜单中选择【元数据显示】。

（2）在【元数据显示】对话框（图 2.11）中勾选所有你希望在列表视图中显示的元数据属性，同时取消勾选那些不希望显示的元数据属性。若找不到你想编辑的属性，则根据需要执行如下操作之一。

■ 单击元数据组左侧的箭头将其展开，查看其中元数据项。

■ 在【元数据显示】对话框顶部的搜索框中输入属性名称，对话框中将只显示与你输入的名称相关的属性。

图 2.11　在【元数据显示】对话框中设置要在【项目】面板的列表视图下显示的元数据

（3）单击【确定】按钮。

调整 Premiere Pro 的工作区时，请根据你使用的设备（计算机、笔记本电脑）、个人习惯，以及任务类型来决定如何调整面板的大小、视图模式与位置。请记住，在 Premiere Pro 中，无论何时你都可以针对不同的显示设备或任务类型轻松创建满足需要的工作区。

2.5 快速修复音频

★ ACA 考试目标 4.4

★ ACA 考试目标 4.7

音频与视频同样重要，对访谈节目来说更是如此。组织视频画面时，我们要考虑如何在画面中巧妙地安排各种元素，使它们协调、统一。同样，在处理音频时，我们也要考虑如何把音频轨道中不同的声音合理地组织起来。例如，在音频轨道中，某个声音（如某个人的说话声）应该占据主导地位，为了突出这个声音，我们需要降低音频轨道中的其他声音的音量，如环境噪声、背景音乐等。

到目前为止，我们还没有开始编辑访谈视频，其中一个原因是访谈视频中的主要内容是对话，它属于音频。因此，在编辑视频之前，我们应该先编辑一下访谈音频，设定好整个访谈的节奏。

2.5.1 删减法

在第 1 章制作 Promo 项目的过程中，我们先修剪视频剪辑，然后把它们逐个添加到【时间轴】面板中组合在一起，我们把这种方法称为"递增法"。与"递增法"相对的是"删减法"，它是指先把一段长长的视频剪辑添加到【时间轴】面板中，然后把剪辑中不需要的部分删减掉。本章的访谈项目是建立在一段长长的访谈剪辑基础上的，使用"删减法"编辑会更高效。前面我们已经把一段长长的访谈剪辑（interview.mp4）添加到了【时间轴】面板中，接下来我们把不需要的部分从该剪辑中删除掉。

"递增法"与"删减法"的特点如下所示。

- 在"递增法"编辑过程中，首先在【源监视器】面板中打开剪辑，为剪辑添加入点与出点，然后把修剪好的剪辑添加到序列中。此时，你可以在【时间轴】面板与【节目监视器】面板中看到添加好的剪辑。在把剪辑添加到序列中时，我们会使用到插入与覆盖功能。
- 在"删减法"编辑过程中，首先我们会把整个剪辑添加到序列中，然后在【时间轴】或【节目监视器】面板中设置入点或出点，标记出不需要的部分，然后将其从剪辑中删除。

在本章访谈项目的制作中，使用"删减法"可以明显地减少一些工作量。例如，在修剪音频之前先进行调整会更好，如果先修剪音频，再调整某个片段的音频，那必须对其他片段应用同样的调整，而这会大大增加工作量。

2.5.2　为音频编辑设置工作区

在编辑音频之前，请你先参考如下建议设置一下工作区，为音频编辑做好准备。

- 保持【项目】面板、【效果】面板、【时间轴】面板和【音频仪表】面板可见。为此，你只需选择一个这些面板都可见的工作区即可，例如在我们前面创建的【Simple Editing】工作区中，这些面板都是可见的，当然你也可以选择【编辑】或【效果】工作区。
- 在【时间轴】面板中为音频编辑留出足够的空间。为此，你只需要在【时间轴】面板中拖动音频轨道与视频轨道之间的分隔条即可（图 2.12）。向上拖动分隔条为音频留出更多的空间。

图 2.12　拖动音频和视频轨道之间的分隔条

2.5.3　应用音频效果

在把 interview.mp4 剪辑添加到序列中之后，你会发现一个问题，那就是它只有左声道。这并不罕见，因为录音设备经常会把单声道麦克风配置到各自的通道上。但是，在添加到视频序列中之后，话筒的音频需要在左、右两个通道上均衡播放。我们用一个简单的办法就可以解决这个问题，那就是使用名为【用左侧填充右侧】的音频效果。

【效果】面板中既有视频效果也有音频效果，而且效果列表很长。查找某个效果时，你可以使用【效果】面板顶部的搜索框。

（1）在【时间轴】面板中播放 snowboard project 序列。这个序列中只包含 interview.mp4 一个剪辑，并且只有左声道。播放时，你可以听出只有左声道有声音，这一点也可以从【音频仪表】面板中得到印证。

（2）增加音轨高度，直到你在左声道中看见音频波形（图 2.13）。

你可以通过拖动轨道之间的水平分隔条、使用鼠标滚轮，或者使用触控板的垂直滚动手势来增加轨道高度。

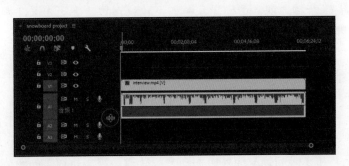

图 2.13 向下拖动 A1 与 A2 之间的分隔条，增加 A1 轨道的高度

（3）在【效果】面板顶部的搜索框中输入"填充"（图 2.14）。你不必按 Enter 或 Return 键，搜索框会自动返回与"填充"相关的结果。

图 2.14 在【效果】面板顶部的搜索框中输入"填充"之后

（4）把【用左侧填充右侧】效果拖入【时间轴】面板中的剪辑上。

此时，剪辑上 fx 图标的背景变为紫色，表示应用了一个效果。

（5）播放序列，你现在可以听到左、右两个声道都有声音了。

（6）播放序列，同时观察音频仪表，你会看到左右两个声道中都有了音频信号。

（7）在【效果】面板中单击搜索框右侧的叉号图标清除搜索词。

建议你在搜索完成后，随时清除搜索词，这样当你搜索另外一个效果时，不会只看到上一次的搜索结果了。

2.5.4 使用【基本声音】面板

访谈视频的音频中有一些噪声，需要把它去除掉。为此，你可以使用 Premiere Pro 提供的【基本声音】面板。在【基本声音】面板中，你可以做一些简单的去噪处理，这省去了使用其他声音处理软件处理声音的麻烦。下面我们使用【基本声音】面板去除音频中的噪声。

（1）切换到【音频】工作区下。【基本声音】面板是【音频】工作区的主面板之一。

查看【音频】工作区，了解它是如何安排与显示各种面板的（图2.15）。例如，在【节目监视器】面板左侧的面板组中，前两个是【音频剪辑混合器】和【音轨混合器】。

当然，你也可以在其他任意一个工作区中打开【基本声音】面板。

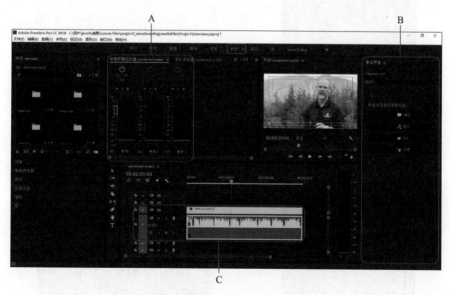

图2.15 【音频】工作区与【基本声音】面板

A. 音频剪辑混合器（与【音轨混合器】在同一个面板组中） B.【基本声音】面板
C.【时间轴】面板中的音频剪辑

（2）在【时间轴】面板中选择你想处理的音频剪辑。

（3）在【基本声音】面板中，在【向选择项指定音频类型】选项组中单击【对话】按钮（图2.16）。

在指定一种音频类型后，【基本声音】面板会显示出与该音频类型相关的选项。这里我们把音频类型指定为【对话】，所以面板中只显示与该类型相关的选项，那些用不上的选项则不会被显示出来。

【基本声音】面板使用一种我们熟悉的方式对音频编辑做了简化，那就是我们在前面提到的"预设"。它要求我们根据所要做的调整类型选择一种预设作为调整的起点。

（4）从【预设】菜单中选择【平衡的男声】。此时，【基本声音】面板中显示的选项会发生相应变化。

（5）单击【修复】按钮，将其展开，然后勾选【减少杂色】与【降低隆隆声】复选框（图 2.17）。

图 2.16 在【基本声音】面板中单击【对话】
按钮，以显示与对话相关的选项

图 2.17 展开【修复】选项，勾选【减少杂色】与【降低隆隆声】复选框

【基本声音】面板中的每个设置项都是可以展开的，即使其不带表示可展开的小三角形图标，也可以单击展开。

（6）播放序列，你会发现背景噪声得到了有效的去除。

（7）调整【减少杂色】与【降低隆隆声】选项的值，调整声音效果直到声音听起来顺耳。你可以一边播放剪辑一边进行调整。

请注意，隆隆声是一种低频噪声，只有通过耳机或全频带扬声器才能听到。

注意

如果你想在【基本声音】面板中重新为选择的音频剪辑指定音频类型，请单击面板右上角的【清除音频类型】按钮。

2.5.5 调音时的注意事项

在前面内容的学习中，我们对声音的音量做了一点调整。调整声音时，请注意如下一些事项。

- 听声音时一定要仔细，不仅要听你熟悉的声音，还要听那些隐匿在混音中的声音，以及那些本不应该出现在混音里的声音。

- 倾听同一个音频轨道上的不同音频剪辑之间的相对音量。单击某个音频轨道的【独奏】按钮，可只听这一个轨道上的音频。关于如何使用每个剪辑上的音量橡皮筋调整各个剪辑的音量让它们相互协调，前面我们已经讲过了。

- 倾听同一个序列中的不同音频轨道的相对音量。在【音轨混合器】面板中，使用【音量控制】按钮可以调整每个轨道上的音量。

- 如果你需要删除某个视频剪辑的音轨，或者想分别编辑某个剪辑的视频与音频的持续时间，请先选择剪辑，然后从菜单栏中选择【剪辑】>【取消链接】。

2.6 快速修复颜色

在 Premiere Pro 中，尤其在视频的【效果】面板中，存在着大量的颜色控件。许多颜色控件都是专门为那些习惯使用传统视频颜色校正工具的编辑人员准备的。当然，还有很多颜色控件是为普通的视频制作者准备的。即使你不是一个训练有素的调色师，也可以轻松地使用这些颜色控件进行调色。

★ ACA 考试目标 1.4

★ ACA 考试目标 4.5

这里我们使用编辑音频的方法来编辑视频，即首先调整整个剪辑，然后进行修剪。下面我们使用易用的【Lumetri 颜色】面板来校正视频的颜色。

使用【Lumetri 颜色】面板

【Lumetri 颜色】面板中提供了一系列易用的颜色控件。如果熟悉 Adobe Lightroom、Adobe Camera Raw 等照片编辑软件中的调色控件，那你肯定不会对【Lumetri 颜色】面板中的各种控件感到陌生。

在校色之前，先切换到【颜色】工作区下（图 2.18）。

图 2.18 【颜色】工作区与【Lumetri 颜色】面板

A.【Lumetri 范围】面板：颜色检视工具（本章不用）　B.【节目监视器】面板：用于预览所选剪辑的颜色调整结果　C.【Lumetri 颜色】面板：用于对所选剪辑做颜色调整　D. 在【时间轴】面板中选择剪辑

查看【颜色】工作区，了解其中的面板是如何安排与显示的。工作区最右侧是【Lumetri 颜色】面板，【Lumetri 范围】面板是左上方面板组中的第二个面板。除了【音频仪表】面板之外，其他所有的音频面板都被隐藏了起来。

1. 校正白平衡

从基本设计看，【Lumetri 颜色】面板与【基本声音】面板一样，其中包含了多个可伸展折叠的子面板。

（1）在【基本校正】下单击【白平衡】，展开【白平衡】选项。

与照片编辑软件一样，【白平衡】控件用来控制画面整体的颜色。

【色温】用来调整画面的冷暖（从蓝色到橙色）；【色彩】用来控制画面中的绿色与洋红色。除了可以手动调整画面的白平衡之外，你还可以使用【白平衡选择器】（吸管）单击画面中的中性区域来快速调整画面的白平衡。

（2）选择【白平衡选择器】，然后单击画面中的中性或接近白色的区域。此时，画面的色温与色彩值都会发生变化，画面看起来会更自然（图2.19）。

图2.19　使用【白平衡选择器】单击画面中的中性区域

使用【白平衡选择器】时，最好不要单击白色区域。在白色区域中，所有颜色通道的亮度值最大，【白平衡选择器】识别不出需要平衡的颜色。

使用【白平衡选择器】调整好白平衡之后，可以继续调整【色温】与【色彩】滑块，使视频画面达到你想要的效果。

2. 调整色调与饱和度

你可以使用【色调】控件改变画面亮度在暗部与亮部区域之间的分布情况。例如，你可以调整【色调】控件让画面中的阴影区域变亮一些。

（1）单击【色调】，将其展开（图2.20）。

（2）调整【色调】的各个选项，让视频画面具有令你满意的亮度，同时把阴影与高光区域中的更多细节显现出来。

- 曝光：影响画面的整体亮度。
- 对比度：影响画面中暗部区域与亮部区域的整体对比。
- 高光：影响画面高光区域（接近白色的区域）中的细节是否可见。

图 2.20 单击【色调】

在本示例项目中，减少高光会压暗天空及其附近区域，从而
把云彩与山脉的更多细节显现出来。若视频画面过曝，压暗
高光有助于从过曝区域中恢复一些细节。

- 阴影：影响画面暗部区域（接近黑色的区域）中的细
  节是否可见。在本示例项目中，增大【阴影】值会让
  人物的黑色衬衫变亮，从而把阴影中的更多细节显现
  出来。当视频画面中有欠曝区域时，增大【阴影】值
  有助于从欠曝区域中恢复一些细节。
- 白色：影响画面中最亮的区域。例如，当画面曝光不
  足时，你可以增大【白色】值，以便更充分地利用色
  调范围的顶端。
- 黑色：影响画面中最暗的区域。例如，当画面曝光过
  度时，你可以增大【黑色】值，以便更充分地利用色
  调范围的底端。

调整色调的各个选项时，一般按照自上而下的顺序进行。
如先调整【曝光】和【对比度】，然后调整【白色】与【黑色】。

（3）调整【饱和度】可以提高或降低画面整体颜色的鲜艳程度。

3. 应用与撤销修改

【Lumetri 颜色】面板中，在每个子面板名称的右侧都有一个复选框。
当某个子面板右侧的复选框处于勾选状态时，该子面板中各个选项的调
整都会应用到所选剪辑。若取消勾选某个子面板右侧的复选框，则该子
面板中各个选项的调整不会应用到所选剪辑上。勾选或取消勾选某个子
面板右侧的复选框，可以快速比较应用该子面板调整前后的效果。

在【色调】选项组中有一个【重置】按钮，单击该按钮可把所有选
项的值重置为 0，从而快速撤销调整。

4.【Lumetri 颜色】面板中的其他子面板

在【Lumetri 颜色】面板的众多子面板中，最常用的是【基本校正】
面板。在把剪辑的基本问题解决之后，接下来可以使用【Lumetri 颜色】
面板中的其他子面板对剪辑做进一步调整了，以使其更加贴合你的创作
意图。

- 创意。【Look】选项用于把某种电影视觉效果快速套用到所选剪

辑上。有些外观模拟的是电影胶片，有些则用来营造某种氛围。在【调整】选项组中，你可以对剪辑做一些锐化，也可以对阴影、高光应用不同的色彩。【自然饱和度】是【饱和度】的升级版，它可以有效地解决颜色过饱和问题，在处理人物肤色时特别有用。

- 曲线、色轮、HSL 辅助。有经验的视频调色师非常熟悉这些颜色控件。这些颜色控件都属于高级控件，本书不做讲解。
- 晕影。运用晕影把画面边缘压暗或提亮，有助于把观众的视线引导到画面中心区域。晕影技法在数百年的绘画作品中被广泛运用，时间证明它是一种行之有效的方法，并且在视频作品中同样有效。运用晕影时，数量一定要小。

开启 GPU 加速

在使用【Lumetri 颜色】面板调色时，若调整效果显现得比较慢，你可以开启 GPU 加速。具体操作是：从菜单栏中选择【文件】>【项目设置】>【常规】，在【渲染程序】中选择一个 GPU 加速选项。这样，当你应用【Lumetri 颜色】或其他基于 GPU 加速的效果时，速度会非常快，而且预览剪辑时也会非常顺畅。

如果【渲染程序】下拉列表中无 GPU 加速选项可选（仅软件可用），你可以考虑更换一个支持水银回放引擎的显卡。

2.7 删减不需要的剪辑片段

与其他访谈视频一样，我们的访谈视频中也有问和答。因此，在制作过程中，需要对访谈视频做一些修剪，把采访者提问题的部分删减掉，而只保留被采访者对采访者所提问题的回答。同时，为了配合被采访者的回答及丰富视频内容，可以运用镜头切换的方法在视频中穿插相应的滑雪片段。接下来我们要做的是先把采访者提问题的部分删减掉，当然视频中一些噪声（如咳嗽声）也要一起删减掉。

★ ACA 考试目标 4.1
★ ACA 考试目标 4.3

2.7.1　在剪辑上标记出要删减的部分

前面我们已经对音频与视频做了一定的编辑处理，接下来我们开始修剪剪辑。首先，我们需要切换工作区，然后在剪辑上标出不需要的部分，为删除操作做好准备。

提示

观看音频波形图有助于你找出想删除的部分，例如 interview.mp4 剪辑中采访者提问题的部分。

（1）切换到前面创建的【Simple Editing】工作区中。

（2）在【时间轴】面板中把面板底部滚动条的右侧滑块向右拖，直到能看见整个访谈剪辑。

当然，你也可以使用反斜杠键，它是使整个序列适合【时间轴】面板的快捷键。

（3）在【时间轴】面板中把播放滑块移动到你想删除的剪辑的起始位置。

这里我们把播放滑块移动到剪辑的最左端，因为从这里到人物开始说话之前的部分都要删除。

（4）执行如下操作之一，添加入点。

- 在【节目监视器】面板中单击【标记入点】按钮（图 2.21）。
- 从菜单栏中选择【标记】>【标记入点】。
- 按 I 键。

图 2.21　【节目监视器】面板中的控件

此时，在【节目监视器】面板与【时间轴】面板中的时间标尺，从入点开始都变为灰色，该灰色区段会一直延伸到出点，但目前我们还没有设置出点。

（5）在【时间轴】面板中把播放滑块移动到你想删除的剪辑的结束处。

这里大致在第 9 秒处，即在被访人物开口说话之前。

（6）执行如下操作之一，添加出点。

- 在【节目监视器】面板中单击【标记出点】按钮。
- 从菜单栏中依次选择【标记】>【标记出点】。

- 按 O 键。

此时，在时间标尺上，只有入点与出点之间的区段才是灰色的（图 2.22）。

请注意，"删减法"编辑中添加的入点、出点与"递增法"编辑中添加的入点、出点是不一样的。

- 在"递增法"编辑中，我们是在为剪辑添加入点与出点，并且是在【源监视器】面板中添加的，所添加的入点与出点也只显示在【源监视器】面板中。在把修剪后的剪辑添加到【时间轴】面板中之后，剪辑的入点与出点在序列中就会变成这个剪辑的起始帧与结束帧。
- 在"删减法"编辑中，我们是在为序列设置入点与出点，所添加的入点与出点是针对序列的，它们会在【节目监视器】面板与【时间轴】中显示出来，但不会显示在【源监视器】面板中。

剪辑的入点、出点与序列的入点、出点是不一样的，请注意理解它们之间的不同。【时间轴】面板中的入点与出点（序列的入点与出点）是可以和【源监视器】面板中的入点与出点（剪辑的入点与出点）不一样的。

要删除入点与出点，请执行如下操作之一。

- 从菜单栏中选择【标记】>【清除入点和出点】。
- 使用鼠标右键（Windows），或者按住 Control 键（macOS），在入点与出点之间单击，从弹出菜单中选择【清除入点和出点】。
- 按 Alt+X（Windows）或 Option+X（macOS）快捷键。

2.7.2 从序列中删除入点与出点之间的剪辑片段

在序列中标记好入点与出点之后，接下来就可以修剪剪辑了。下面我们介绍两种修剪方法。首先介绍第一种方法，即直接把剪辑片段从序列中删除（图 2.23）。

（1）执行如下操作之一，删除剪辑片段。

- 在【节目监视器】面板中单击【提升】按钮。
- 从菜单栏中依次选择【序列】>【提升】。
- 按分号键（;）。

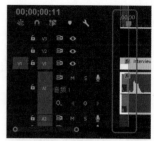

图 2.22 【时间轴】面板中的序列入点与出点

提示

按左箭头键或右箭头键，可以每次把播放滑块向后或向前移动一帧。

提示

在【播放指示器位置】中输入＋或－号，然后输入要移动的帧数，按 Enter 或 Return 键即可把播放滑块向前或向后移动指定的帧数。

提示

你还可以使用剃刀工具把剪辑切成两部分，然后删除不需要的那部分。

提示

若当前缩放级别无法让你清楚地看到【时间轴】面板中的视频帧，请调整缩放级别。你可以使用中横线键（－）或等号键（＝）来缩小或放大【时间轴】面板。这两个快捷键很容易记忆。在键盘上，中横线键和减号键是一个键，我们可以把减号想象成缩小；等号键与加号键是一个键，我们也可以把加号想象成放大。

修剪前　　　　　　　　　执行"提升"操作之后：在剪辑片段被删　　　执行"提取"操作之后：后面的剪辑片段
　　　　　　　　　　　　除的位置留下空隙　　　　　　　　　　　往前移，填充了空隙

图 2.23　"提升"与"提取"操作

此时，入点与出点之间的剪辑片段被删除了，但在剪辑片段被删除的位置有空隙。接下来，我们尝试使用另外一种方法。

（2）执行如下操作之一，可在删除剪辑片段的同时把空隙填上（波纹编辑）。

- 在【节目监视器】面板中单击【提取】按钮。
- 从菜单栏中依次选择【序列】>【提取】。
- 按单引号键（'）。

此时，入点与出点之间的剪辑片段被删除了，而且剪辑后的其余片段左移，把删除位置的空隙填上了。

执行"提升"与"提取"操作时，不必先选择剪辑。"提升""提取"及其他剪辑编辑操作会影响到【时间轴】面板中的所有目标轨道。在【时间轴】面板左侧有一个目标轨道标志（蓝色方块），用于指示当前的目标轨道。在 snowboard project 序列中，"提升"与"提取"操作针对的是 V1 轨道上的视频剪辑与 A1 轨道上的音频剪辑，因为当前 V1 与 A1 轨道是目标轨道（图 2.24）。

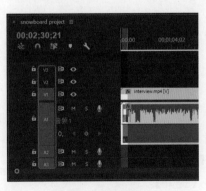

图 2.24　目标轨道标志

与序列的其他编辑操作一样，"提升"与"提取"操作并不会真从原始剪辑中删除指定的片段，它们只是把

入点与出点之间的片段隐藏了起来。

现在，请你自己练习一下"删减法"编辑：使用序列的入点与出点，以及"提升""提取"操作从采访视频中删除不需要的片段，只保留最有趣的部分，即采被访者回答问题的部分，把采访时长从 6 分多钟缩短为一两分钟。这看起来要剪掉很多内容，但是如果你想剪一个访谈摘录视频，并发布到视频社交网站上，那可能还要再剪短一些。

提示

做跳接剪辑时，请选择取景一致的入点与出点。

2.7.3 删除两个剪辑间的空隙

使用"提升"操作删除某些剪辑片段时，序列中可能会留下许多空隙。在【时间轴】面板中执行如下操作之一，可删除这些空隙。

- 使用选择工具单击选择空隙，然后从菜单栏中依次选择【编辑】>【波纹删除】。
- 使用"选择工具"单击选择空隙，然后按 Delete 键。
- 右击空隙，从弹出菜单中选择【波纹删除】（图 2.25）。

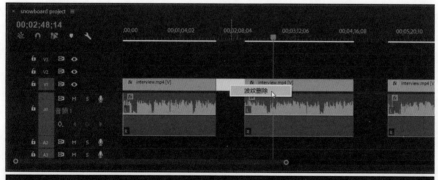

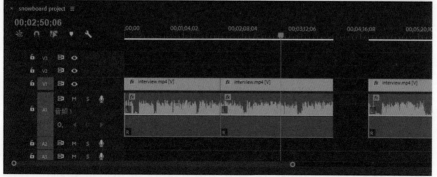

注意

你还可以选择空隙，然后按 Shift+Delete（Windows）或 Shift+Forward Delete（macOS）快捷键执行波纹删除操作。

图 2.25 与剪辑类似，空隙也可以选择与删除

2.8　组织剪辑

★ ACA 考试目标 4.1

制作视频项目时，一个视频项目可能由多个序列组成，而每个序列又可能包含大量视频、音频、图像等素材。在单个序列中，你处理的多个剪辑可能在同一个轨道上（每一个轨道表示一个不同的故事情节或人物），也有可能在多个轨道上。随着项目变得越来越复杂，有条不紊地组织项目成为决定项目成功的关键。为此，Premiere Pro 提供了可视化的项目组织方式，使得用户仅凭肉眼就能轻松地识别出项目的各个组成部分。

在一个项目中，如果一个剪辑的使用次数超过一次，你就需要为剪辑创建更多个实例。请注意，所谓的"实例"并非完全复制的原始素材文件，它们存在于【项目】面板中，本质是一些指向原始素材文件的"引用"。对于某个剪辑，如果你想为它创建多个实例，只需把它多次拖入序列中即可。当然，你也可以把整个剪辑拖入序列中，然后把它"切"成若干个片段，这样也可以为剪辑创建多个实例。

2.8.1　针对所有实例显示项目项的名称和标签颜色

首先，我们需要做个选择：你是想让剪辑的每个实例有单独的标签与名称，还是想让剪辑的所有实例都使用相同的颜色标签与名称。得到的结果是项目级别的，生效后会作用于整个项目。

选择做出之后，按照如下步骤做设置。

（1）从菜单栏中选择【文件】>【项目设置】>【常规】，进入对应面板（图2.26）。

（2）执行如下操作之一。

- 勾选【针对所有实例显示项目项的名称和标签颜色】复选框。当你编辑剪辑的某个实例的标签与名称时，该剪辑的所有实例都会随之发生变化。
- 取消勾选【针对所有实例显示项目项的名称和标签颜色】复选框，剪辑的各个实例有独立的标签与名称，更改剪辑其中一个实例的标签与名称，不会影响其他实例。这里我们取消勾选【针对所有实例显示项目项的名称和标签颜色】复选框。

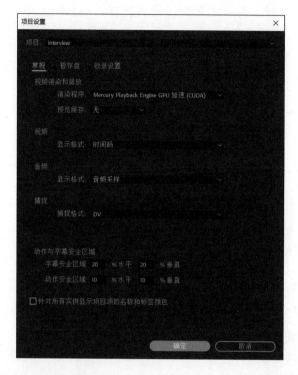

图 2.26 【项目设置】
对话框

（3）单击【确定】按钮。

2.8.2 对剪辑应用颜色标签

组织【时间轴】面板的一种方式是对剪辑应用颜色标签。
执行如下操作之一，为某个剪辑更改颜色标签。

- 使用选择工具单击剪辑，将其选择，然后从菜单栏中选择【编辑】>【标签】。
- 右击剪辑，从弹出菜单的【标签】子菜单中选择一个标签。

提示

在【首选项】对话框的【标签】面板中，你可以自定义标签名称与颜色。

2.8.3 更改剪辑名称

在【时间轴】面板中，我们还可以通过修改剪辑名称来区分不同剪辑。
执行如下操作，修改剪辑名称。

（1）执行如下操作之一。

- 使用选择工具单击剪辑，将其选择，然后从菜单栏中选择【剪辑】>【重命名】。
- 右击剪辑，从弹出菜单中选择【重命名】。

（2）在【重命名剪辑】对话框中为剪辑指定一个新名称，单击【确定】按钮。

2.9　错位剪辑

前面，我们在编辑剪辑时，剪辑的视频画面与声音是一致的，它们同时出现又同时结束。在视频剪辑中有一种常用的剪辑方法叫错位剪辑。在错位剪辑中，同一个剪辑的视频与音频的编辑点不一样，即视频画面与音频将出现错位现象。目前常用的两种错位剪辑方法是"捅声法"（J-cut，J 剪接）与"拖声法"（L-cut，L 剪接）。例如在电视节目或电影里面转场时，有的是声音先入，然后画面跟入，这比声音和画面同时入场的戏剧性要更强一些。

在"拖声法"中，上一个剪辑的声音会延续到下一个剪辑中，在【时间轴】面板中形成"L"形状。而在"捅声法"中，下一个剪辑的声音提前进入上一个剪辑中，也就是声音先进，视频后进，在【时间轴】面板中形成"J"形状。

添加辅助镜头（B-roll）

在向序列中添加辅助镜头（一系列穿插或背景视频）时，可以使用错位剪辑法。辅助镜头是主镜头的有益补充，用于提供背景、画外音等额外信息，这有助于增强视频的趣味性。在本项目中，滑雪视频剪辑既加深了你对被采访人物个性的了解，也给了你一个通过滑雪爱好与被采访人物建立联系的机会。辅助镜头（B-roll）还有助于增强视频的视觉趣味性，这样观众就不会只看着被采访人物对着摄像机说话了。

按照传统的术语，主要视频叫 A 卷（A-roll），辅助视频叫 B 卷（B-roll）。A 与 B 这两个术语源自以前基于磁带的视频编辑流程，那时工作人员会把磁带装载到两个标记为 A 与 B 的源视频磁带机中，将它们组合成在【节目监视器】面板中播放的序列。你可以把 B 卷修辑添加到主视频轨道中因剪辑而出现的空白间隙中，也可以添加到上层轨道中。

下面向序列中添加 B 卷，并做"拖声"编辑。

（1）切换到【组件】工作区。

（2）在【节目监视器】面板中移动播放滑块到插入 B 卷的位置。这里我们把它移动到自我介绍的结尾处，即被采访人物说了几秒之后。在做下一步操作之前，先看看 B 卷有多少时间可用。

（3）在【项目】面板中双击作为 B 卷使用的剪辑，将其在【源监视器】面板中打开。在【组件】工作区下，【源监视器】面板与【节目监视器】面板同在一个面板组中。

请注意观察选项卡中的面板名称，这样可以明确在【时间轴】面板上方的是哪个面板。

（4）在【源监视器】面板中设置入点与出点，从 B 卷中选出你要用的片段。请确保所选片段的持续时间与序列中的可用时间一致。

（5）在【源监视器】面板中，把鼠标指针放到【仅拖动视频】按钮之上，然后按住鼠标左键，将其拖动到【时间轴】面板中 V1 轨道的目标时间段中（图 2.27）。

图 2.27 把 B 卷剪辑添加到 V1 轨道之前（左）与之后（右）

（6）根据需要使用编辑工具调整 B 卷剪辑的持续时间。这个时候，滚动编辑工具会非常有用，你可以使用它移动编辑点，而不影响其他

图 2.28 呈 "L" 形状

内容。

如果你把 B 卷添加到了 interview 剪辑的末尾，interview 剪辑的视频与音频在【时间轴】面板上会变成"L"形状（图 2.28），其音频会延续到 B 剪辑。

你可以使用"捅声法"使 interview 剪辑的音频先于视频结束，interview 剪辑的视频与音频在【时间轴】面板上会形成"J"形状。

做错位剪辑的一个快捷方法是按住 Alt（Windows）/Option（macOS）键，然后拖动视频轨道或音频轨道的尾部。这会改变轨道中视频或音频的入点或出点，这样，你就可以分别调整剪辑的音频和视频的入点与出点了。

如何知道某个剪辑是否已经在序列中使用了呢？前面我们讲过，在【项目】面板中打开列表视图，【项目】面板会显示视频的使用情况。其实，在图标视图下，【项目】面板也会把视频与音频的使用情况显示出来。每个缩览图的左下角都会显示一个图标，当图标是灰色时，表示它们尚未在序列中使用；当图标是蓝色时，表示它们已经在序列中使用了。

2.10　快速或慢速播放剪辑

★ ACA 考试目标 4.4

我们的项目中涉及体育运动，非常适合使用插入 B 卷慢动作。下面我们把一个 B 卷剪辑添加到一个视频轨道中，然后调整它的播放速度。

添加 B 卷剪辑的步骤如下。

（1）在【项目】面板中双击要用的 B 卷剪辑。这里我们使用的是 vid-nosetrick.mp4。

（2）使用前面学习的方法，在【源监视器】面板中为剪辑添加入点与出点。

（3）把剪辑的视频部分拖动 V2 轨道上，放置的时间点不用太准确。这里我们把剪辑放到了 V2 轨道上，这样当改变剪辑的持续时间时，其周围的剪辑不会受到影响。

（4）在剪辑处于选择的状态下，从菜单栏中选择【剪辑】>【速度/持续时间】（或者右击剪辑，从弹出菜单中选择【速度/持续时间】），打开【剪辑速度/持续时间】对话框（图 2.29）。

（5）在【剪辑速度/持续时间】对话框中，在【速度】文本框中输入小于 100% 的值，如 50%。

【速度】值低于 100% 是慢放，高于 100% 是快放。

（6）单击【确定】按钮，播放序列，观察 B 卷剪辑中的动作慢放效果。

图 2.29 在【时间轴】面板中选中 B 卷剪辑后打开【剪辑速度/持续时间】对话框

请注意，当你改变剪辑速度时，剪辑的持续时间会发生变化。播放速度与持续时间成反比，播放速度越快，持续时间越短。

如果你想让剪辑播放特定时长，请修改持续时间，Premiere Pro 会根据你指定的持续时间自动调整速度。

编辑【剪辑速度/持续时间】对话框中的【速度】值，即可实现快速或慢速播放效果。

（7）设置好 B 卷剪辑的播放速度后，调整剪辑在【时间轴】面板上的位置。你可以把它放到 V2 轨道上，也可以放到 V1 轨道上。

当你想以可视化方式调整剪辑的播放速度，或者不知道要填充多长的持续时间时，你不必自己做数学计算，也不需要在【剪辑速度/持续时间】对话框中反复尝试。你可以使用比率拉伸工具来调整剪辑速度。

（1）在访谈序列中，找到一个尚未添加 B 卷的剪辑。

（2）把鼠标指针放到靠近剪辑视频开始的地方。

（3）按住 Alt 键（Windows）或 Option 键（macOS），向右拖动剪辑左端大约 5 秒（依据工具提示），使其在【时间轴】面板上呈现"J"形状（图 2.30）。

此时，在 V2 轨道上出现一个间隙，接下来我们用 B 卷剪辑填充它。

（4）在【项目】面板中双击用于充当 B 卷的剪辑。这里选的是 vid-jumpRed.mp4。

（5）在【源监视器】面板中为剪辑添加入点与出点，使其持续时间比间隙短 1～2 秒，但不必太准确，

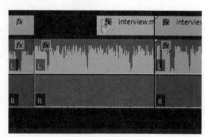

图 2.30 橙色部分呈现"J"形状

后面我们还会进行调整。

（6）把剪辑的视频部分从【源监视器】面板拖到序列的间隙处。

（7）从工具面板中选择【比率拉伸工具】（该工具位于波纹编辑工具组中），拖动 B 卷末端，使其填满整个间隙。

Premiere Pro 在通过改变剪辑速度来调整剪辑的持续时间时，不会改变剪辑的入点与出点（图 2.31）。选择剪辑，然后从菜单栏中依次选择【剪辑】>【速度 / 持续时间】，可以查看速度变化了多少。

图 2.31 使用比率拉伸工具调整前（左）与调整后（右）

请记住，速度的改变量取决于剪辑的拉伸程度。B 卷剪辑的原始持续时间越长，拉伸程度越小，速度放慢得越少。

（8）播放序列，查看结果，并根据需要做必要的调整。

创建平滑的慢动作

经过前面的学习，我们知道更改剪辑的播放速度可以实现慢动作效果，但是要想获得平滑的慢动作效果，在视频拍摄时必须使用高帧率模式拍摄。例如，你要创建的序列的帧速率为 30 帧 / 秒，为其拍摄视频时，若以 30 帧 / 秒拍摄，那么在把剪辑的播放速度降低到 50% 后，剪辑播放时的有效帧速率将变为 15 帧 / 秒，这样，你看到的慢动作将不会很平滑。

拍摄视频时，如果你知道这段视频将来会做慢动作处理，那么在拍摄时，你就应该把摄像机设成高帧率模式。例如，你打算在一个帧速率为 30 帧 / 秒的序列中以 50% 的速度播放某段视频，那么在拍摄这段视频时，应该把摄像机的帧速率设置成 60 帧 / 秒。这样，当你把视频的播放速度降低到 50% 时，它的帧速率将变为 30 帧 / 秒，这与序列的帧速率是一致的，所以可以实现平滑播放。

当降低某个剪辑的播放速度，使其有效帧速率低于序列的帧速率时，Premiere Pro 提供了如下 3 种方法来改善慢动作的质量。

- 帧采样。这是最简单的一种方法。选用这种方法时，Premiere Pro 会根据需要用重复或忽略帧的办法来使剪辑的有效帧速率与序列的帧速率保持一致。例如，在一个帧速率为 30 帧 / 秒的序列中，如果一个剪辑的帧速率在降低播放速度后变为 15 帧 / 秒，那么 Premiere Pro 会把每个剪辑帧重复两次。

- 帧混合。与单纯的帧重复不同，帧混合会把前后两个帧混合起来形成中间的过渡帧。因此，帧混合比帧采样需要更多的计算时间。

- 光流法。这是一种最新、最复杂的方法。使用光流法时，Premiere Pro 会分析视频帧的内容以及像素的运动，然后渲染出新的视频帧。这个方法在如下两种情况下效果最好：画面中主体对象运动，但背景不动；画面中没有运动模糊（如使用高速快门拍摄的视频）。相比帧采样、帧混合，光流法需要计算机做更多的计算。

2.11 流畅播放序列

在视频编辑过程中，一种最恼人的情况就是视频无法实现流畅播放。简单的单轨道序列不管是在【源监视器】面板中还是【节目监视器】面板中一般都能流畅播放。但是，如果你用的是高分辨率素材（如 4K 素材），那么在播放的时候可能会出现卡顿，甚至出现不响应的情况。特别是当你添加了一些效果或者叠加一些轨道之后，渲染起来会更耗时。如果你恰巧用的是一台性能不高的计算机，那渲染耗时更让人崩溃。Premiere Pro 提供了一些工具让我们得以了解计算机的运行情况，同时它也提供了一些方法，帮助我们在预览质量与流

★ ACA 考试目标 3.1

畅播放之间做好平衡。例如，当你使用的是一台性能不太高的计算机时，为了实现流畅播放，你可以降低预览质量或者对【时间轴】面板上的某些部分预先进行渲染。而如果你使用的是一台性能很好的计算机，你可以尽可能地提高预览质量，只要计算机能够实现流畅播放即可。

【时间轴】面板上的渲染条有不同的颜色（图 2.32），它们代表了 Premiere Pro 对相应序列片段播放效果的预期。

- 无颜色：这代表 Premiere Pro 能够以全画质实时播放相应片段，且无需提前渲染预览文件。
- 绿色：这代表 Premiere Pro 为相应片段提前渲染出一个预览文件，这个文件是实时更新的，因此可以实现全画质实时播放。
- 黄色：这代表 Premiere Pro 认为它应该能以全画质播放相应片段，但是偶尔会出现卡顿现象。
- 红色：这表示 Premiere Pro 认为相应片段太复杂，播放过程中可能会出现很多次卡顿与延迟。

图 2.32【时间轴】面板上带有不同颜色的渲染条

同一个序列在不同的计算机上渲染条的颜色可能不一样，因为渲染条的颜色代表的是序列当前片段的复杂程度与计算机渲染能力的关系。若 Premiere Pro 无法流畅播放当前序列，你可以尝试使用如下几种办法解决。

- 调整回放分辨率。在【源监视器】面板与【节目监视器】面板中都有一个名为【选择回放分辨率】的菜单。从中选择一个较低的回放分辨率，可以大大减少 Premiere Pro 渲染每一帧时的工作量，从而实现流畅播放。
- 按 Enter 或 Return 键渲染序列中所有标有红色的部分。请注意，这里所说的"渲染"与导出不一样，它是指把相应序列片段提前渲染出来，这样在实时播放时不必再渲染它们了。当然，这种预渲染也有缺点，那就是你必须先等到渲染完成才能进行预览，而且当你编辑了某个剪辑后，必须重新进行渲染。

- 使用代理。所谓"代理"是指一个剪辑的低画质版本，使用代理能够实现流畅播放。
- 升级计算机。检查一下你的计算机，找到影响性能的"瓶颈"，然后有针对性地进行升级。你可能需要加装更大的内存、使用更快的存储器、把暂存文件分发到多个存储器上，或者装配更强劲的图形卡（以便使用 GPU 加速）。

预览过渡

你可能已经注意到了：那些代表可能存在渲染问题的渲染条大多出现在过渡上，而非单个剪辑上。这是为什么呢？

播放单个剪辑并不难，智能手机就能做到。当两个剪辑之间有过渡，播放时 Premiere Pro 不仅要播放两个剪辑，还要播放它们之间的过渡部分。过渡把两个剪辑组合在了一起，它与剪辑不一样，Premiere Pro 无法直接从存储器上读取它。过渡是计算出来的。当过渡太过复杂，Premiere Pro 无法实时渲染时，你会在过渡上方看到有黄色或红色的渲染条。

通常，对于黄色渲染条，你不必太过担心。当过渡部分无法实现流畅播放时，请先选择过渡，然后从菜单栏中选择【序列】>【渲染选择项】，新建预览文件。这样，Premiere Pro 就能直接从存储器中读取它，实现流畅播放，相应渲染条也会变成绿色。

2.12 调整剪辑的播放速度

在体育运动视频或电视商业片中，剪辑的播放速度不是一成不变的，而是随着时间发生变化的。例如，一个高山滑雪视频刚开始时以正常速度或加速播放，然后将播放速度变慢，变成了慢动作。在 Premiere Pro 中，你可以使用时间重映射功能实现这种效果，而且你还可以把画面冻

★ ACA 考试目标 4.4

结在任意一个视频帧上。

2.12.1 使用时间重映射改变剪辑的播放速度

前面在调整音量时，我们学习了如何在轨道的橡皮筋上设置关键帧来让音量随着时间变化。为了使用时间重映射功能，我们需要看到视频的关键帧和剪辑的橡皮筋。

（1）在【项目】面板中双击你想当成 B 卷用的视频。这里我们使用的是 vid-intotheshoot.mp4。

（2）在【源监视器】面板中设置好入点与出点，所选片段有 5 ～ 6 秒长，然后把视频部分拖动到【时间轴】面板中的 V2 轨道上。

（3）在【时间轴】面板中展开 V2 轨道，这个视频轨道上有你想调整的剪辑。

与前面调整音频轨道时一样，你需要增加视频轨道的高度，才能有足够的空间方便调整橡皮筋。

（4）单击【时间轴显示设置】按钮（扳手图标），从弹出菜单中选择【显示视频关键帧】（图 2.33）。

图 2.33 从【时间轴显示设置】菜单中选择【显示视频关键帧】

（5）使用鼠标右键（Windows），或者按住 Control 键（macOS），单击你要调整的视频剪辑上的 fx 图标，从弹出菜单中选择【时间重映射】>

【速度】（图2.34）。此时，剪辑上会出现橡皮筋，用于控制剪辑的播放速度。

图2.34 右击剪辑上的 fx 图标，访问其时间重映射设置

当然，你也可以右击视频剪辑（非剪辑上的 fx 图标），然后从弹出菜单中选择【显示剪辑关键帧】>【时间重映射】>【速度】。

接下来，我们该使用时间重映射了。我们将在速度改变的地方添加关键帧。

执行如下步骤，应用时间重映射。

（1）执行如下操作之一，创建关键帧。

- 使用选择工具，按住 Ctrl（Windows）或 Command 键（macOS），单击剪辑橡皮筋添加关键帧。
- 移动播放滑块到变速起点，在【效果控件】面板中单击轨道左侧的【添加 - 移除关键帧】按钮（图2.35）。

图2.35 在【效果控件】面板中单击【添加 - 移除关键帧】按钮为所选剪辑添加关键帧

（2）重复步骤（1），在你想改变剪辑播放速度的地方，再添加另外一个关键帧。

（3）把鼠标指针放到两个关键帧之间的橡皮筋上，向上或向下拖动即可改变这一个片段的播放速度（图2.36）。

从一个速度变成另外一个速度时，看起来会很突兀。为使速度实现平滑切换，我们可以创建一个速度渐变斜坡。

（4）每个关键帧标记都由左右两半组成，拖动左半部分或右半部分可以把一个关键帧拆分开来，创建一个速度渐变的斜坡。在把一个关键帧拆分开之后，按住 Alt 键（Windows）或 Option 键（macOS）拖动即可移动整个关键帧。你可以在左右两个方向上创建速度渐变斜坡，中心点是原始关键帧的时间点（图 2.37）。

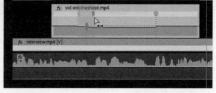

图 2.36　改变关键帧之间的片段的播放速度　　　图 2.37　拆分关键帧，创建速度渐变斜坡

提示

你还可以在【效果控件】面板中编辑时间重映射的各个控制项和关键帧。

（5）在拆分之后的关键帧中间有一个蓝点，拖动它可以进一步调整斜坡的形状。

（6）播放序列，查看结果，并做必要的调整。

2.12.2　在时间重映射时冻结某一帧

当你想逐渐放慢剪辑的播放速度直至停止时，你可以把某个动作在关键帧上冻结起来。

（1）在【项目】面板中双击要作为 B 卷使用的视频，这里是 vid-jumpBlue.mp4。

（2）在【源监视器】面板中设置好入点与出点，得到一个时长 2 ～3 秒的片段。然后把视频部分拖动到【时间轴】面板中的 V2 轨道上。

（3）把播放滑块移动到滑雪者跳得最高的那一帧上。

（4）使用前面学过的任意一种方法，添加一个时间重映射关键帧。

（5）按住 Ctrl+Alt（Windows）或 Command+Option（macOS）快捷键，拖动时间重映射帧的一侧，并借助工具提示中显示的持续时间，查看冻结帧当前的持续时间。如果操作正确，你会看到冻结帧图标（图 2.38）。

（6）播放序列，查看结果，并做必要的调整。

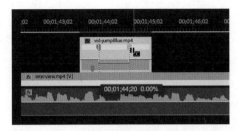

图 2.38 冻结帧图标

其他冻结帧的方法

上面讲解的冻结帧的方法只是诸多方法之一。Premiere Pro 还提供了其他冻结帧的方法，不进行时间重映射时，你可能会习惯使用它们。

帧定格。把播放滑块移动到剪辑的某一帧（拆分点帧）上，然后从菜单栏中选择【剪辑】>【视频选项】>【添加帧定格】，Premiere Pro 会拆分剪辑，并把剪辑在拆分点之后的部分变成一个与拆分点帧一模一样的静帧。

帧定格分段。把播放滑块移动到剪辑的某一帧上，然后从菜单栏中选择【剪辑】>【视频选项】>【插入帧定格分段】，Premiere Pro 会拆分剪辑，并添加一个新的静帧片段。这个分段中的静帧取自拆分点处的视频帧。

上面两种方法的不同在于：在"帧定格分段"方法中，静帧片段播放完之后会继续播放原来的片段，也就是说，在"帧定格分段"方法中，Premiere Pro 会播放整个剪辑，只是在剪辑的某个位置（拆分点处）插入了一个静帧片段；而在"帧定格"方法中，对于原始剪辑，Premiere Pro 只播放拆分点之前的部分，而把拆分点之后的部分用静帧代替。

导出静帧。在【源监视器】面板或【节目监视器】面板中，单击【导出帧】按钮可以把当前帧保存为静态图像。在【导出帧】对话框中，你可以指定图像的名称、格式与保存位置。该对话框的左下角有一个【导入到项目中】复选框，勾选该复选框之后，Premiere Pro 会自动把你导出的静态图像导入当前项目中，然后你就可以把它添加到任意一个序列中了。

2.13　使用标记

★ ACA 考试目标 2.3

随着序列变得越来越复杂，你可能想在某些帧上做一些标记，以便日后再次编辑。例如，你可能想标记某些位置，以便将来在这些位置添加字幕、B 卷剪辑或补充图形。如果你想添加的是下一个素材，那么只使用播放滑块就够了，但是如果你想标记大量时间点供日后工作使用，该怎么办呢？为此，Premiere Pro 提供了"标记"这种工具。前面我们已经用过两种标记了——入点与出点。除此之外，Premiere Pro 还提供了其他更常用的标记类型，你可以使用它们标记某个特定的时间点。

前面讲"提升"与"提取"操作时我们提到：一个序列可以有自己的入点与出点，序列中的每个剪辑也可以有自己的入点与出点，而且它们之间彼此是独立的。标记也一样：一个剪辑可以有自己的标记（剪辑标记），一个序列也可以有自己的标记（序列标记）。剪辑标记是在【源监视器】面板中添加的，而序列标记是在【时间轴】面板中添加的。

在把一个剪辑拖入序列中时，借助剪辑标记，我们可以知道应该把当前剪辑与序列中其他轨道上的剪辑在哪个时间点上对齐。序列标记对只能在【时间轴】面板中应用的编辑或项目非常有用。这两种标记你都可以用来为团队中的其他成员留下一些说明性信息。

请注意，在序列中做标记的方法不止一种。如果你只想标记某个帧，则可以使用标记。不过，如果你想标记整个剪辑或其他素材，最好通过修改标签的方式来改变其在【时间轴】面板中的颜色（【编辑】>【标签】）。

本示例中，我们将使用标记提前标出要添加 B 卷剪辑的地方。

按照如下步骤，向序列添加标记。

（1）在【时间轴】面板中把播放滑块拖动到要添加标记的位置。

（2）执行如下操作之一添加标记。

- 在【时间轴】面板或【节目监视器】面板中单击【添加标记】按钮（图 2.39）。
- 使用鼠标右键（Windows）或按住 Control 键（macOS），单击时间标尺，从弹出菜单中选择【添加标记】。
- 从菜单栏中选择【标记】>【添加标记】。
- 按 M 键。

注意

如果你想添加的是序列标记，则请在添加之前取消选中所有剪辑，否则标记会被添加到所选剪辑上。

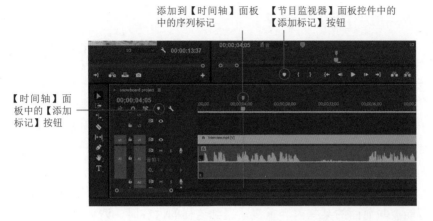

添加到【时间轴】面板中的序列标记

【节目监视器】面板控件中的【添加标记】按钮

【时间轴】面板中的【添加标记】按钮

图 2.39 单击【添加标记】按钮

（3）若标记添加的位置不太准确，你可以沿着时间轴拖动以调整其位置。

不论是【时间轴】面板中的序列标记，还是【源监视器】面板中的剪辑标记，你都可以通过拖动的方式来调整其位置。

标记不只是一个图标，你还可以向标记中添加信息。例如，你可以通过标记提醒你自己或同事在某个时间需要做的任务。

编辑标记，步骤如下。

（1）执行如下操作之一，打开【编辑标记】对话框。

- 双击标记。
- 使用鼠标右键（Windows），或者按住 Control 键（macOS），单击标记，从弹出菜单中选择【编辑标记】。
- 若播放滑块位于当前标记处，从菜单栏中选择【标记】>【编辑标记】，或者按 M 键。

（2）修改标记信息（图 2.40），例如标记名称、颜色等。

（3）单击【确定】按钮。

提示

播放剪辑或序列时，添加标记最快捷的方式是按 M 键。

图 2.40 在【标记】对话框中修改标记信息

2.14　创建字幕

★ ACA 考试目标 4.2

在这一节中，我们将向视频画面中添加一个"下三分之一"字幕。按照惯例，下三分之一字幕要放置在画面底部的三分之一处。但现在，"下三分之一"这个术语已经通用了，许多下三分之一图形并没有严格位于画面的下三分之一处，人们经常使用它来描述位于画面底部区域中的字幕。它可以用来指出人物身份，或者给出场景中的某个位置、有关日期时间的上下文。

请注意，这并不是我们第一次创建字幕，所以下面要讲的一些内容可能会与前面的某些内容重复。遇到这样的内容时，请大家权当复习和练习。当然还有一些内容是全新的，希望大家认真学习。首先，我们会基于"动态图形模板"添加字幕，字幕格式已经提前设计好了，我们需要做的只是输入自己的文本。在 Premiere Pro 中，你不必自己设计动态图形模板，可以从大量预先设计好的动态图形模板中选择需要的使用。

2.14.1　添加字幕

从模板添加字幕，步骤如下。

（1）切换到【图形】工作区中。

【图形】工作区中包含【基本图形】面板，你可以在其中创建与编辑字幕。

（2）把播放滑块移动到序列开头。

（3）在【节目监视器】面板中，若画面中未显示安全边距，请单击扳手图标，从弹出菜单中选择【安全边距】（图 2.41）。

（4）在【基本图形】面板中单击【浏览】选项卡，双击 Lower Thirds 文件夹，里面有大量模板。

（5）把 Classic Lower Third One Line 模板从【基本图形】面板拖入【时间轴】面板中的 V2 轨道上，且使其对齐序列开头（图 2.42）。

（6）若弹出【解析字体】对话框，则选择需要解析的字体，单击【确定】按钮。

如果你的 Creative Cloud 账号无权访问 Adobe Typekit，那么可能无

提示

把播放滑块移动到序列开头的快捷键是 Home 键。某些键盘上没有 Home 键，此时，你可以用 Fn+ 左箭头键代替 Home 键。按 End 键（Fn+ 右箭头键）可以把播放滑块快速移动到序列末尾。

法正常解析字体。此时，单击【取消】按钮即可。你可以随时把文字的字体更换为系统中已经安装的字体。

图 2.41 【图形】工作区；单击扳手图标，从弹出菜单中选择【安全边距】

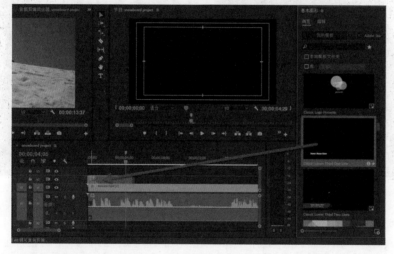

图 2.42 把动态图形模板拖动到序列的 V2 轨道上

（7）播放序列开头部分，浏览字幕模板的效果，可以看到图形与字幕文本从左侧滑入画面中。

字幕模板中包含图形与占位文本，你可以使用自己的文本来代替占位文本。接下来，我们就试一试。

2.14.2 编辑字幕

执行如下步骤编辑字幕文本。

（1）在【时间轴】面板中使用选择工具单击选择字幕。

【基本图形】面板将自动切换到【编辑】选项卡下，并显示字幕的属性。字幕由6个图层组成，最顶层是文本图层。在【编辑】选项卡下选择某个图层，则该图层的属性会在其下方区域中列出。

【效果控件】面板位于【图形】工作区左上角的面板组中，在【效果控件】面板中，你可以看到控制字幕各个图层动画的关键帧（图2.43）。一般来说，我们是不需要编辑字幕动画的。不过，如果你真的想编辑，可以在【效果控件】面板中进行。

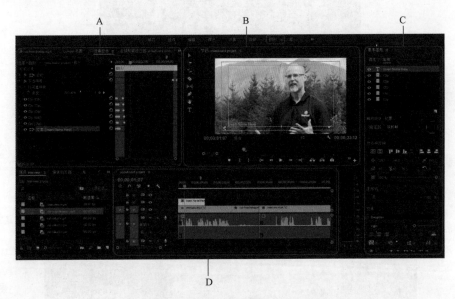

图2.43 编辑字幕时的【图形】工作区

A.【效果控件】面板：用于编辑所选字幕的动画关键帧　B.【节目监视器】面板：用于预览所选字幕
C.【基本图形】面板：用于编辑所选字幕的属性　D.【时间轴】面板：选择字幕

（2）在【基本图形】面板的【编辑】选项卡中选择文本图层（最顶层的图层）。

（3）选择【文字工具】，在【节目监视器】面板中单击占位文本，输入替换文本。这里我们输入的是"Joe Dockery"。

若要编辑文本的其他属性，请在【时间轴】面板中选择字幕，然后执行如下操作之一。

■ 在【基本图形】面板的【编辑】选项卡中修改字体、字号，以及其他文字属性。请注意，要在图层列表中选择文本图层，文本属性才会在下方区域中列出来。

- 使用选择工具在【节目监视器】面板的画面中拖动字幕图层，修改字幕位置。
- 在【节目监视器】面板中使用选择工具拖动字幕图层控制框上的控制点，调整字幕的大小（非文本大小）。

如果你想自己设计字幕，不使用动态图形模板，而使用文字工具或形状工具。下面我们尝试在不使用模板的情况下创建字幕。

（1）把播放滑块移动到你想添加字幕的位置。

（2）选择【文字工具】，然后在【节目监视器】面板的视频画面中单击或拖动以新建一个文本图层。

（3）输入文本。

新建文本图层后，Premiere Pro 会自动将其选中，并且在【基本图形】面板和【效果控件】面板中显示其属性。

为字幕添加背景形状，步骤如下。

（1）在工具面板中选择【钢笔工具】【矩形工具】或【椭圆工具】（图 2.44）。

这三个工具位于同一个工具组中，因此每次你只能看到其中一个。如果你想用矩形工具，但在工具面板中又看不到它，那你可以按住当前显示的工具（钢笔工具或椭圆工具），然后从弹出的工具组面板中选择【矩形工具】。

图 2.44　在工具面板中选择【矩形工具】

（2）在【节目监视器】面板的视频画面中，拖动矩形工具或椭圆工具，或者使用钢笔工具单击，创建一个形状。

钢笔工具初用起来可能不太顺手，有关钢笔工具的详细介绍不在本书讨论范围之内，请读者自行寻找其他资料学习。使用钢笔工具时，综合运用单击、拖动等操作可以绘制出圆角、曲线等形状。

（3）根据需要，在【基本图形】面板的图层列表中向上或向下拖动形状图层，可以改变其相对文字图层的叠放顺序（图 2.45）。

图 2.45 在【基本图形】面板的【编辑】选项卡下，图层列表中的图层顺序代表画面中各层元素的上下堆叠顺序

例如，当形状图层盖住了文字时，可以在【基本图形】面板的【编辑】选项卡中，把文本图层拖到形状图层之上，以便正常显示出文字。

（4）在形状图层处于选中的状态下，根据需要，在【基本图形】面板中调整其属性。

例如，可以修改形状的填充颜色、不透明度，以及对形状应用投影等。

2.14.3　把字幕保存为动态图形模板

在视频项目制作中，有很多字幕会被多次重复使用。例如，在一个纪录片中，你设计了一个下三分之一字幕用来标识被采访对象，在其他采访视频中你可能还会用到它。此时，你可以把已经设计好的字幕保存为动态图形模板。在需要使用的时候，你可以随时把它的一个实例添加到序列中（就像前面我们用到的 Classic Lower Third 模板一样）。

把字幕保存为动态图形模板的步骤如下。

（1）从菜单栏中选择【图形】>【导出为动态图形模板】。

若【导出为动态图形模板】这个菜单命令为灰色不可用状态，请确保【时间轴】面板处于活动状态，并且选择了字幕。

（2）在【导出为动态图形模板】对话框中输入名称，选择保存目标并设置其他选项，单击【确定】按钮（图2.46）。

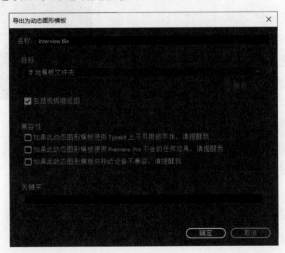

图 2.46　创建动态图形模板

在【目标】菜单中，有些菜单项在 Creative Cloud 库中，它们与你的 Creative Cloud 账户关联在一起，如果你无法访问 Creative Cloud 库，那就无法使用它们。

导入带透明背景的图形

如果你想把带有透明背景的图形导入 Premiere Pro 项目中，则被导入的图形必须满足如下要求。

- 图形在创建时带有的必须是完全透明的区域，不能是白色区域。在 Adobe Photoshop 中创建或打开图形时，透明区域会显示为棋盘格图案。请注意，在 Adobe Photoshop 中，【图层】面板底部有一个名为【背景图层】的锁定图层，它是白色的，但并非透明图层。在 Adobe Illustrator 中，没有对象覆盖的区域都是透明区域。
- 保存图形时选用的文件格式必须支持透明背景。

一些常见的支持透明背景的高质量图形文件格式有 AI（.ai）、PSD（.psd）、TIF（.tif、.tiff）、PNG（.png）。其中，AI 图形格式是矢量格式，缩放到任意尺寸都不会出现失真问题。

GIF 图形格式只支持一个级别的透明；而其他图形格式可以支持多达 256 个级别的透明，在平滑性、抗锯齿方面表现更佳。因此，最好还是使用其他图形格式。

JPEG（联合图像专家组）图形格式（扩展名为 .jpg）不支持保存透明区域，其背景总是实背景。

2.15 去抖

要想制作出高质量的视频，必须使用高质量的素材。那什么是高质量的素材呢？其中最基本的要求是视频画面必须稳定，镜头运动必须流畅。不过，在稳定视频画面方面，摄像机内置的防抖功能是有限的，而且在手持设备拍摄时一些高级防抖设备也发挥不了多大作用。这种情况下，我们只能通过后期手段来去除画面中的抖动。为此，Premiere Pro 提

★ ACA 考试目标 4.5

★ ACA 考试目标 4.6

供了名为【变形稳定器】的效果来帮助我们去除视频中的抖动。

2.15.1　应用【变形稳定器】效果

请尝试向一个画面抖动的剪辑（如 vid-fromthetop.mp4）应用【变形稳定器】效果。应用【变形稳定器】效果与应用其他任意一种效果的方法一样。首先，在【效果】面板中找到【变形稳定器】效果（位于【视频效果】>【扭曲】效果组中），然后将其拖动到序列中的相应剪辑上。

不过，在 Premiere Pro 中，你无法把【变形稳定器】效果应用到已有【速度 / 持续时间】效果的剪辑上。例如，如果一个剪辑上已经应用了速度效果，那么你必须先移除它才能应用【变形稳定器】效果。

对于序列中使用的剪辑，若其分辨率与序列不一致，那么也无法对其应用【变形稳定器】效果。

使用【变形稳定器】实现稳定分为两步：首先，【变形稳定器】分析素材，确定不稳定的程度与方向；然后应用相应的稳定量抵消侦测到的不稳定因素。分析与稳定都是 CPU 密集型任务，因此有可能需要花费大量时间，但具体取决于你要稳定的剪辑的时长与分辨率。

使用【变形稳定器】实现稳定的过程中，若播放滑块位于正在做稳定的剪辑之上，你会在画面中看到一个蓝条，指示"正在分析中"或"正在稳定化"。选择正在做稳定的剪辑，在【效果控件】面板中也可以看到稳定过程。稳定处理是在程序后台进行的，这期间你可以继续对项目做其他处理工作。

2.15.2　设置【变形稳定器】效果

在使用【变形稳定器】做稳定时，尽管使用默认设置就能获得非常不错的稳定效果，但有时我们还是需要对【变形稳定器】效果做一些设置，以便获得更好的稳定效果。为此，我们有必要了解一下【变形稳定器】效果在【效果控件】面板中的一些关键设置（图 2.47）。

- 结果。一般情况下，我们都会把这个选项设置为【平滑运动】，但是如果你想让镜头看起来保持不动，请选择【不运动】。

- 方法。若默认的【子空间变形】无法让你得到想要的结果，你可以尝试选择更简单一点的。选择【位置】是最简单的一种方法。
- 帧。在稳定视频的过程中，【变形稳定器】有多种处理边缘的方法可用。若默认的【稳定、裁切、自动缩放】效果不理想，你可以尝试选择一种更简单的。【仅稳定】是最简单的。选择【稳定、合成边缘】后，在稳定过程中，【变形稳定器】会为因移动、缩放帧而产生的空白区域创建填充区域，最终合成效果取决于帧的内容。

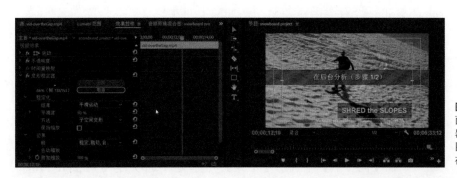

图 2.47 【效果控件】面板中的【变形稳定器】的各个设置项（左图）；【变形稳定器】正在分析剪辑（右图）

除了上面这些设置项之外，你还可以了解一下高级设置项，通过这些高级设置项，你可以在平滑性和缩放、边缘合成效果之间做平衡。

当画面抖动不厉害时，使用【变形稳定器】效果能够轻松获得不错的稳定效果。若画面抖动很厉害，就需要对画面做更大的移动或缩放来抵消抖动，这对画面质量的影响也很大。请注意，【变形稳定器】效果不是"灵丹妙药"，如果画面抖动得太厉害（例如一边走路一边单手持摄像机拍摄的画面），使用【变形稳定器】效果可能也无法得到满意的稳定效果。

提示

你可以在两个剪辑之间复制粘贴效果。具体做法是，选中第一个剪辑，从菜单栏中依次选择【编辑】>【复制】；然后选择另外一个剪辑，从菜单栏中选择【编辑】>【粘贴属性（非粘贴）】。在粘贴【变形稳定器】效果时，请一定要重新分析新剪辑。

2.16　合并单独录制的视频与音频

在视频制作过程中，你可能会对剪辑的音频部分不满意，这些音频大都是由摄像机内置的话筒录制的，质量并不高。在专业的视频制作流程中，标准的做法是分别录制视频与音频。这样，在录制音频时，你可

★ ACA 考试目标 4.4

以选用高质量的话筒等专业的音频录制设备，而且在音频录制过程中，你可以把话筒置于最佳收音位置。通常，最佳收音位置与最佳视频拍摄机位是不一样的。例如，你可以把话筒别在说话者的衣服上，这样录制的对话比使用摄像机内置话筒录制的更清晰，而且噪声也小得多。

当然，在分别录制好视频与音频之后，我们还要把它们组合在一起，且它们必须是完全同步的。为此，Premiere Pro 提供了一种简单快捷的方法。

执行如下步骤合并单独录制的视频与音频。

（1）在 Premiere Pro 中，使用前面学过的任意一种方法，从 project2_snowboarding 文件夹中导入 Merge Clips 文件夹。

（2）在【项目】面板中打开 Merge Clips 素材箱，同时选择其中两个剪辑。

（3）从菜单栏中选择【剪辑】>【合并剪辑】，或者使用鼠标右键或按住 Control 键，单击剪辑，从弹出菜单中选择【合并剪辑】。

（4）在【合并剪辑】对话框（图 2.48）中做如下设置。

- 在【名称】文本框中输入 "backpack"。
- 在【同步点】下选择【音频】。选择这个选项后，Premiere Pro 会自动分析两个剪辑中的音频，并把它们对齐，使它们保持一致。除此之外，其他选项都需要你做一定的手动操作。例如，要选择【时间码】同步，你必须在录制前先对音频录制设备与摄像机的时间码进行同步。

图 2.48 【合并剪辑】对话框

- 在【音频】中勾选【移除 AV 剪辑的音频】复选框。这会删除用摄像机录制的音频。如果勾选这个复选框，意味着我们会使用由专业音频录制设备录制的音频（高质量音频）来代替用摄像机录制的音频。

（5）单击【确定】按钮。

此时，所选的视频剪辑（来自摄像机，且带有音频）与音频剪辑（由音频录制设备录制）合并成了一个剪辑，而且在合成后的剪辑中，采用专门音频录制设备录制的音频代替了视频剪辑中的音频（由摄像机内置麦克风录制）。接下来，我们就可以像使用普通剪辑一样使用合成后的剪辑（包含高质量音频）。

2.17　使用 Adobe Media Encoder 导出序列

序列制作好之后，接下来就该渲染输出了，即把你的序列"导出"为最终的视频作品。在导出过程中，Premiere Pro 不仅要把序列的所有组成部分组合成单一文档，还要把序列中的所有素材转换成不同格式，并压缩数据以减少文件尺寸。针对每一帧做这些处理会占用计算机的大量资源，而且可能要花很长时间。分辨率越高（如 4K 帧）、效果越复杂，导出序列所需要的时间越长。不过，如果你的计算机中配备了大量内存，并且存储器的存储速度快，显卡功能强（支持 Mercury Graphics Engine），那么导出序列所需要的时间会大大缩短。

★ ACA 考试目标 5.1

★ ACA 考试目标 5.2

如果导出某个序列需要几十分钟乃至几小时，那你在这段时间内会因执行导出操作而无法使用 Premiere Pro。此时你可以把制作好的序列发送到 Adobe Media Encoder 中进行导出。Adobe Media Encoder 会在后台逐个导出保存在队列中的每个序列，这期间，你可以在 Premiere Pro 中继续做其他处理工作。

下面我们会讲解使用 Adobe Media Encoder 把一个序列导出的方法，导出步骤与第 1 章中的导出步骤差不多，主要区别在于：第 1 章中我们是直接在 Premiere Pro 中进行渲染输出的；而这里我们会先把序列发送到 Adobe Media Encoder 中，然后由 Adobe Media Encoder 在后台进行渲染输出。

执行如下步骤，把一个序列导出为视频作品。

（1）确保要导出的序列在【时间轴】面板中处于活动状态，或者在【项目】面板或素材箱面板中处于选中状态。

（2）导出之前，至少播放一遍序列，检查一下有无问题。

（3）如果你只想导出序列的一部分，请在序列上设置好入点与出点，并选择要导出的部分。

（4）从菜单栏中依次选择【文件】>【导出】>【媒体】，打开【导出设置】对话框。

提示

Premiere Pro 默认输出名称与序列名称是一致的。因此，在设置序列名称时，若将其直接设置为最终导出文件的名称，那就不用每次都修改输出名称了，这会省去很多麻烦。

（5）在【导出设置】对话框中打开【格式】下拉列表，从中选择【H.264】。

（6）打开【预设】下拉列表，从中选择【YouTube 720p HD】。

（7）单击【输出名称】右侧的蓝色文字，在【另存为】对话框中为要导出的视频设置文件名称与存储位置。

请选择 Exports 文件夹作为保存导出文件的位置。

（8）在【导出设置】对话框中单击【队列】按钮（图2.49），把序列发送到 Adobe Media Encoder 的渲染队列中。

图 2.49　单击【队列】按钮把序列发送到 Adobe Media Encoder 中

（9）如果你还有其他序列（例如同一个序列的不同版本）想放入渲染队列中，只需要在 Premiere Pro 中重复步骤（1）～（7）即可。

（10）此时，Adobe Media Encoder 会启动（图2.50）。若 Adobe Media Encoder 是在后台启动的，请单击其图标，将其拖曳到前台。

所有发送到 Adobe Media Encoder 中的序列和其他媒体都会显示在【队列】面板中。在【队列】面板中上下拖动各个渲染项，可以改变渲染的先后顺序。

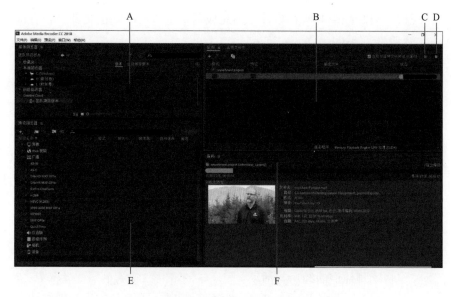

图 2.50 Adobe Media Encoder

A.【媒体浏览器】面板：与 Premiere Pro 中的【媒体浏览器】面板一样，用于导入媒体素材
B.【队列】面板：列出当前正在处理或等待处理的序列与剪辑　C.【停止队列】按钮
D.【暂停队列】按钮　E.【预设浏览器】面板：用于浏览要应用到队列中的渲染项的预设
F.【编码】面板：用于预览与监视当前正在处理的渲染任务

　　Adobe Media Encoder 是一个独立的压缩器与转码器（格式转换器）。如果你有许多的剪辑需要做转换，可以使用【媒体浏览器】面板把它们添加到 Adobe Media Encoder 的队列中，然后在【预设浏览器】面板中为它们指定一个预设。

　　（11）单击【启动队列】按钮（位于对话框右上角的绿色按钮），此时【启动队列】按钮变为【暂停队列】按钮，同时 Adobe Media Encoder 开始挨个处理队列中的渲染项。

　　由于 Adobe Media Encoder 是在后台进行渲染的，因此这期间你可以切换到其他程序中继续做相应的处理工作。在 Adobe Media Encoder 的渲染过程中，尽可能少地运行其他程序，可使导出队列的速度更快，因为这样可以有效地减少多个程序争用你的计算机资源的现象发生。另外，在 Adobe Media Encoder 进行渲染期间，其他程序的运行速度有可能会下降，所以，如果你有其他更重要的处理工作需要去做，可以单击【暂停队列】按钮暂停渲染。

提示

如果你想更改导出设置，可以在 Adobe Media Encoder 中单击【预设】列下的箭头或蓝色文字。要更改输出文件的名称与保存位置，可以单击【输出文件】列中的蓝色文字。记住，在开始渲染之前，你可以随时修改导出设置。

（12）当队列中的所有项目导出完成后，检查一下导出文件是否有问题，然后关闭 Adobe Media Encoder。

2.18　自己动手：制作一个迷你纪录片

请动手为你周围某个有趣的人制作一个简短的纪录片。这个人可以是你的家人，他 / 她有着令人艳羡的职业生涯，或者周游过世界；这个人也可以是你的老师或朋友，但最好要有与众不同的爱好。

记住，制作一段精彩的视频的秘诀如下。

- 简短。
- 规划。准备访谈问题时，要把问题设计成开放式的，请访谈对象聊一聊他们的经历与活动。
- 录制高质量的视频与音频。录制视频时，用柔和的光线把主体人物照亮；录制音频时，要把麦克风放到人物嘴边，并用头戴式耳机实时监听录音；通过实时监听，你可以当场发现问题并纠正，这很重要，因为有时我们的采访机会只有一次。
- 制作辅助视频（B 卷）。收集与扫描照片、纪念品等。
- 与其他人分享制作好的视频，并创建影集。

提示

如果你在序列中设置了入点与出点，只想导出入点与出点之间的部分（非整个序列），则请在【导出设置】对话框的【源范围】下拉列表中选择【序列切入 / 切出】。

本章目标

学习目标

- 在素材网站中查找素材
- 了解【首选项】对话框
- 管理导入素材的链接
- 使用【属性】命令
- 制作竖屏视频
- 编辑多机位序列
- 美化不同类型的音频
- 使用【调整】面板
- 添加滚动字幕
- 录制画外音
- 使用代理
- 导出多个序列
- 对项目做整理与归档

ACA 考试目标

- 考试范围 1.0
  确定项目需求
  1.1、1.2、1.3、1.4

- 考试范围 2.0
  了解数字视频
  2.1、2.2、2.3、2.4

- 考试范围 3.0
  组织项目
  3.1

- 考试范围 4.0
  创建与调整视觉元素
  4.1、4.2、4.3、4.5、4.7

- 考试范围 5.0
  发布数字媒体
  5.1、5.2

第 3 章

编辑动作场景

我们的第三个 Premiere Pro 项目是为一所学校制作一则公益广告，要求将其设计成一个快速移动的动作场景来吸引学生的注意力。

3.1 前期准备

假设有一所学校想要制作一个公益广告，用来鼓励学生们保持健康与按时上课。本章我们就一起来制作一下。

★ ACA 考试目标 1.1

★ ACA 考试目标 1.2

通过前面的学习，我们知道制作一个视频项目之前，必须先准确地把握项目需求。本章示例项目的需求如下。

- 客户：学校。
- 目标受众：高中生。
- 目的：鼓励学生保持健康、按时上课。
- 交付要求：客户要求制作一个时长为 15 ～ 30 秒的快速动作场景；为了提高在线加载速度，视频格式必须是 H.264 Vimeo 720p HD。

3.1.1 解压项目文件

首先，把 project3_action.zip 中的项目文件解压到桌面上，方便使用。解压后的文件夹中包含 MediaFiles 与 Pre-Production 两个文件夹，其中 MediaFiles 文件夹中又包含如下文件夹。

- Audio Clips。这个文件夹中包含项目中要用到的声音效果。
- Graphics。该文件夹包含项目中要用到的静态图像。
- Presets。该文件夹中包含一个 Adobe Media Encoder 预设，该设置文件用于控制 Premiere Pro 序列的导出方式。你可以把 Adobe

Media Encoder 预设文件提供给同事，以确保项目能按相同的规范导出。本例中，预设中的设置是专门用来制作发布到社交网站上的视频的。

- Project。这是一个空文件夹，我们即将创建的 Premiere Pro 项目文件会存放在其中。
- Video Clips。这个文件夹中包含多段使用不同设备拍摄的视频，其中还有使用智能手机拍摄的竖版视频。

在本章示例项目的制作过程中，我们需要为序列寻找合适的背景音乐。你可以浏览免费音乐网站查找适合本项目的音乐剪辑，也可以自己创作音乐，前提是你具备这方面的能力。

此外，你还可以从自己收藏的数字音乐中查找。但是，请记住，在视频项目中使用的所有音乐都必须获得合法授权，有时可能还得付费。有些音乐使用时可能不需要授权，但需要你署上原作者的名字。

3.1.2　浏览故事板与镜头拍摄列表

Pre-Production 文件夹中包含了两个 PDF 文件，分别是故事板与要拍摄的镜头列表，这两个文件我们在前面的项目中从来没有提到过。

下面分别介绍一下这两个文件。

- shot list-action.pdf。这个文件中包含一个表格，里面列出了所有需要拍摄的镜头，这些镜头是按照拍摄地点组织的。这个表格非常有用，通过这个表格，你可以知道要拍摄哪些镜头，以及哪些镜头要放在一起拍摄等。拍摄之前，在片场中设置摄像机、布置灯光都需要花一些时间，即使只在一个地点拍摄，借助镜头拍摄列表，你也可以避免漏拍某些镜头，从而避免重新搭建场景进行补拍等问题。补拍镜头是件令人头疼的事，你需要找一个合适的时间，保证拍摄地点、工作人员、演员全部到位才行，而且还要准确还原原来的灯光照明，暂停当前的拍摄进度等。而这一切会对项目的预算、进度产生不小的影响。简言之，拍摄镜头列表有助于最大限度地提高你的工作效率。
- storyboard-action.pdf。故事板是一系列的草图，简单描述了各个镜头的情况。它是一个可视化的规划工具，导演、演员和摄像师可以使用它来商定如何拍摄每一个镜头。

你可以只用一支铅笔和一张纸来制作镜头列表和故事板，也可以用一些专门用于帮助规划视频项目的网站和应用程序。一个视频项目通常是由多人分工协作完成的，因此，你可以考虑使用基于"云"的工具，方便多人进行查看和编辑。例如，你可以使用 Google Sheets 电子表格软件创建镜头列表，还可以将内容复制粘贴到 Google Docs 中或者在手机、平板电脑上使用 Adobe Photoshop Sketch 移动应用程序制作故事板。

3.2　获取与制作素材

在视频制作过程中，用到的很大一部分素材（包括视频与音频）都是我们自己录制的，但还有一部分素材是需要我们从其他渠道获取的。因为这比我们自己动手录制更划算（省钱又省时），而且有些素材我们是没有能力制作的。

★ ACA 考试目标 1.3

在本示例项目中，我们需要为视频配一段背景音乐。如果你手边没有合适的背景音乐可用，而且也不想自己动手制作，那你可以去素材网站中找一找。

3.2.1　从素材网站找素材

网上有很多素材网站为我们提供了大量素材，包括图片、视频、音乐等。有些素材网站提供的素材是免费的（RF），你可以从这些网站上免费下载所需要的素材。不过，如果你想得到更高质量的素材，那还是去需要付费的素材网站看看吧。

下面我们会给出一些素材网站，但请注意，这些网站只是给大家举个例子，并非让大家一定要使用它们。网上有许多素材网站，你还是自己研究一下，看看哪些更适合你的需要。网络发展日新月异，新网站层出不穷，当你读到本书的时候，可能又有了大量的新素材网站可供你选择使用。

下面是一些免费提供的素材网站。

- Incompetech。这是一个常用的免版税（RF）音乐网站。你可以根据不同的使用情况选择付费或免费的许可证来获取本网站上的素材，请务必阅读并遵守该网站的许可证条款。

- Unsplash。Unsplash 主要提供图片素材，任何人都可以从这个网站上免费下载图片，并且不强制你署上作者名（但网站希望你这样做）。
- Pixabay。Pixabay 也是一个以提供图片素材为主的网站，它根据创作共用公共领域许可协议提供图片素材。

请注意，即使你下载的是免费素材，使用时也可能需要你保留原作者的署名。在下载免费素材之前，请一定要认真阅读网站的许可条款，并要严格遵守它们。这既是对供稿人的尊重，也是为维护免费素材体系出的一份绵薄之力。

下面是一些收费素材网站。

- Adobe Stock。有些 Adobe Creative Cloud 计划本身允许你从 Adobe Stock 网站免费下载一定数量的素材。不过，最基本的 Adobe Creative Cloud 计划是不包含 Adobe Stock 免费下载福利的，当你从 Adobe Stock 网站下载素材时可能需要付费。相比其他素材网站，Adobe Stock 网站的优势是，它与 Premiere Pro 等 Adobe 应用程序深深地整合在一起。此外，Adobe Stock 网站提供的素材不仅限于视频、音频、图片，还提供 Premiere Pro 字幕、运动图形模板等素材。
- Storyblocks。该网站以付费订阅的服务形式向用户提供视频、图片、音频素材。在视频项目制作中，如果你经常需要使用大量素材，那这个网站将是个不错的选择。
- Triple Scoop Music。这家网站只向用户提供音乐素材，它针对音乐的不同用途推出了不同的付费方案。如果你不想选择常见的付费订阅形式，它还提供了其他可行的付费方案。

如果你正在为某个组织机构制作视频项目，那你不妨问一下他们是否有某个素材网站的会员资格。

3.2.2 自己制作素材

自己制作音乐并不意味着你要自己写一个乐谱或自己动手演奏真实

提示

在使用任何一个素材网站中的素材之前，一定要仔细检查它的许可协议、产品、计划和特点，这些方面可能会在本书出版之后发生变化。

的乐器。现在有很多用来创作音乐的桌面应用程序和移动应用程序可供你选用，使用这些程序你只需添加一些音乐循环或者其他音乐构件就能轻松制作一首歌曲。有些音乐制作程序甚至可以让你根据情绪和节奏创作歌曲，完全不需要你具备任何音乐知识。

在制作好自己的素材后，你可以把它分享到前面提到的一些免费素材网站上。但是要像下载素材时一样认真对待相关条款和许可，你要非常清楚自己所同意的条款。例如，当你免费发布你的歌曲或视频时，你可能会发现很难主张作品的所有权或从中赚钱。

3.2.3　获得模特肖像授权

获得模特肖像授权的目的是从法律上表明你有权在视频中使用某个人像。让模特签署肖像权授权书可以规避在视频中使用某个人像而产生的法律风险。本章的示例项目中涉及了 18 岁以下的未成年人，因此还有必要从他们的父母那里获得肖像授权。

网站中有大量模特肖像权授权书模板可供你下载使用，此外，还有一些移动 App 可以为你自动生成合法的模特肖像权授权书。你可以根据自己的情况从两种方式中选择。

3.2.4　寻求法律帮助

如果你的视频制作业务不断增长，那最好还是专门聘请一个精通知识产权法的律师担任顾问。这位律师不仅可以帮你在购买相关素材时解决相关的授权许可问题，还可以在你售卖自己的作品时帮你确定相关的许可协议。在签署模特肖像权授权书时，律师也可以帮你确保授权书符合当地的法律法规。

3.3　了解【首选项】对话框

前面我们已经接触过首选项，接下来我们再详细了解一下。

在 Windows 操作系统或 macOS 下，打开 Premiere Pro 的【首选项】

对话框的方式不一样，有关内容参见第 1 章的"打开首选项"。

【首选项】对话框中包含大量有关 Premiere Pro 的选项，这些选项并不是每个都需要进行调整，我们只调整那些可以让视频编辑工作变得更轻松的选项即可。基于这个原因，下面我们没有讲解【首选项】对话框中的每一个选项，而只对那些常用的选项进行讲解。

3.3.1　控制常规行为

在许多应用程序中，有些首选项的设置可能不适合你的使用习惯，从而使你的工作效率降低。这时，你需要修改一下首选项的设置，改变软件的某些行为，使其符合你自己的使用习惯，进而提高你的工作效率。你可以在【首选项】对话框的【常规】面板中更改相应设置，改变软件的常规行为。

- 启动时。这是【常规】面板中的第一个选项，控制着 Premiere Pro 启动时显示的内容。该选项的默认设置为【显示启动画面】，在启动画面中你可以新建项目或打开教程观看（这对新手来说很有用）。不过，如果你想直接打开最近使用的项目，可以把该项修改为【打开最近使用的项目】。

- 素材箱。你可以在这个选项中设置当双击某个素材箱时，是让它在当前面板中打开，还是在新窗口或新选项卡中打开。此外，你还可以使用其他两个素材箱选项，指定按住某个功能键并双击某个素材箱时的行为。例如，你可以设置为双击素材箱时在同一个面板中打开它，按住 Alt/Option 键双击素材箱时在新窗口中打开它。

3.3.2　更改 Premiere Pro 的外观

【首选项】对话框中的【外观】面板控制着 Premiere Pro 用户界面的外观，包括如下几个方面。

- 亮度。这个选项控制着 Premiere Pro 面板、窗口、对话框背景的亮暗程度。通常，视频编辑程序都有深色背景。不过，如果你使用的其他软件的背景要亮一些，那么你可以通过这个选项把

Premiere Pro 调亮一些，使其与其他软件一致。

- 加亮颜色。Premiere Pro 会使用蓝色来凸出某个项，这是我们无法修改的。但是，你可以使用【交互控件】和【焦点指示器】来改变控件在不同呈现方式下颜色的亮暗程度与饱和度。例如，当你按 Tab 键在对话框的不同控件之间移动时，【焦点指示器】的颜色就是你按 Tab 键时激活的那个控件的外框颜色。

3.3.3　配置音频硬件

编辑视频时，如果你使用的计算机没有连接任何外部音频设备，那你可能不需要在【音频硬件】面板中做任何设置。但是，如果你的计算机上连接了麦克风、USB 音频端口等音频设备，那你可能就需要调整音频硬件的设置了。

例如，当用外接音频硬件录制声音时，若 Premiere Pro 无法从音频硬件中接收到声音，那你就应该进入【音频硬件】面板中，尝试从【默认输入】下拉列表中选择你正在使用的音频硬件名称。

类似地，如果你无法从 Premiere Pro 中听到任何声音，那么你要检查一下扬声器、头戴式耳机、音频端口，以及其他在【默认输出】下拉列表中选择的音频输出硬件。

3.3.4　控制导入媒体缩放到帧大小

在向【时间轴】面板中添加剪辑、静态图像等素材时，若素材的帧大小与当前序列的设置不一致，是否要调整素材的帧大小，使其与序列的帧大小保持一致呢？对于这一情况，可以在【媒体】面板的【默认媒体缩放】选项中进行指定。

当素材的帧大小与序列的帧大小不一致时，【默认媒体缩放】选项决定了调整素材帧大小的方式。

- 无。不对添加到【时间轴】面板中的素材的帧大小做调整。
- 缩放为帧大小。选择该选项后，Premiere Pro 会依据帧大小对剪辑重新采样，通常不建议你选择这个选项。因为选择这个选项后，Premiere Pro 会改变剪辑的像素，这可能会导致画质变差。

- 设置为帧大小。选择这个选项后，Premiere Pro 会使用【效果控件】面板中的【缩放】设置来调整帧的大小，不会影响到剪辑的像素和原始质量。如果你想通过放大序列剪辑来模拟变焦效果，请选择这个选项。

3.3.5 调整【时间轴】面板中的选项

在【首选项】对话框的【时间轴】面板中，许多设置都会影响到可能具有重复性的编辑任务。改变相关设置，让 Premiere Pro 从一开始就按照你希望的方式工作，这样你就可以花更少的时间来调整剪辑和【时间轴】面板中的控件。常用的一些控制选项如下。

- 视频过渡默认持续时间、音频过渡默认持续时间。假设你向【时间轴】面板中添加了 20 个过渡，它们看起来太长了，但是你知道后面还要添加许多过渡。为了避免以后修改大量过渡，在添加更多过渡之前，你可以把【视频过渡默认持续时间】设置为较小的值。同理，对于音频过渡，你也可以这么做。

- 静止图像默认持续时间。与控制过渡的默认持续时间一样，你可以设置静止图像在添加到【时间轴】面板之后的持续时间。

【时间轴】面板中还有其他选项，如【时间轴播放自动滚屏】【时间轴鼠标滚动】和【显示剪辑不匹配警告对话框】等，这些选项请自行了解。

3.3.6 调整媒体缓存文件

【媒体缓存】面板中的选项（图 3.1）用于管理媒体缓存文件，这些缓存文件有助于减少播放序列时的等待时间。

视频制作过程中，渲染剪辑以及应用各种调整、效果需要耗费计算机的大量资源和时间。为了缓解计算机的压力，节省运算时间，Premiere Pro 会把已经处理的帧及绘制好的音频波形保存在一个名为 media cache 的文件夹中。播放序列时，若 Premiere Pro 发现某些帧已经渲染过，并且没有发生任何变化，则会直接从缓存中播放它们，这比重新渲染要快得多。

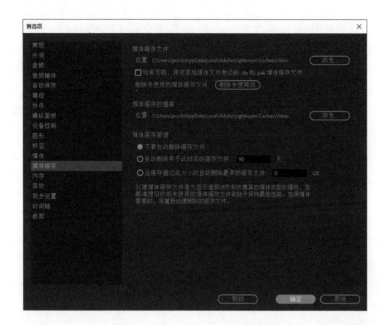

图 3.1 【媒体缓存】
面板

　　若想最大限度地发挥媒体缓存文件对编辑性能的提升作用，最好把缓存文件存放到一个高速硬盘上，如固态硬盘（SSD）。如果你使用的计算机只有一个硬盘，那你别无选择只能使用它。不管它是不是固态硬盘，你都必须使用内置硬盘来存放媒体缓存文件。【媒体缓存】面板中的默认设置就是【内置硬盘】。如果你使用的是工作站，它连着多个外置硬盘，其中有些硬盘的速度比你的系统硬盘快，而且有很多空闲空间，那你可以通过设置【媒体缓存文件】把媒体缓存文件放到那些速度更快的外置硬盘上，这么做也有助于释放你的系统硬盘空间。

　　不论在哪台计算机上，你都可以通过【媒体缓存】设置来管理缓存文件使用的空间。有些媒体缓存文件的保存时间可能已超过一个月，并且占用了很大空间，尤其是视频文件。为了节省空间，你可以把不再需要的缓存文件删除。你可以手动删除缓存文件，也可以做相应设置让 Premiere Pro 自动删除。

- 单击【删除未使用项】按钮手动删除未使用的缓存文件。
- 勾选【自动删除早于此时间的缓存文件】复选框，然后输入缓存文件的保留天数，由 Premiere Pro 自动删除超过保留天数的缓存文件。
- 勾选【当缓存超过此大小时自动删除最早的缓存文件】复选框，

输入媒体缓存文件的最大限制大小，让 Premiere Pro 自动删除对应的缓存文件，以确保它们不会占据太多的磁盘空间。

如果你使用的是台式计算机，并且配有很大的硬盘，那你可以勾选【不要自动删除缓存文件】复选框。当硬盘上的可用空间不大时，你需要单击【删除未使用项】按钮删除未使用的媒体缓存文件。但是，如果你使用的是笔记本电脑或是旧计算机，它们的内置硬盘空间很小，此时你可以勾选自动选项，让 Premiere Pro 自动删除某些缓存文件，以确保它们不会占用太多的硬盘空间。

3.4 创建动作场景项目

★ ACA 考试目标 2.1

★ ACA 考试目标 2.4

前面我们解压了 project3_action.zip 文件，并浏览了其中包含的文件。接下来我们开始创建项目。

新建项目

下面我们开始创建访谈项目。

（1）启动 Premiere Pro，在【开始】界面中单击【新建项目】按钮，打开【新建项目】对话框。

（2）在【名称】文本框中输入项目名称。项目名称你可以随便取，这里我们考虑到视频的目标是鼓励学生不要上课迟到，所以把项目命名为 Tardy PSA。

（3）单击项目保存位置右侧的【浏览】按钮，转到 project3_action 文件夹下，进入 Project 子文件夹，把项目保存到这个文件夹中。

当你选好了保存项目的文件夹之后，Premiere Pro 默认会把【暂存盘】选项卡中的所有保存位置都指定为该文件夹。对于【暂存盘】选项卡中的各项设置，我们保持默认设置不变。这里，我们也不需要更改【收录设置】中的设置，默认设置下，【收录】选项处于未启用状态。

（4）在【常规】选项卡中勾选【针对所有实例显示项目项的名称和标签颜色】复选框。

（5）【常规】和【暂存盘】选项卡中的各个选项，均保持默认设置不变。当然，如果你有其他合适的位置用来作为暂存盘，那你可以进行设置，相关内容请参考第 1 章。

（6）单击【确定】按钮，完成项目的创建工作。

（7）保存项目。

3.5 导入文件与维持链接

在第 1 章中我们曾经提到：向项目中导入素材时，Premiere Pro 并不会真把素材文件复制到项目文件中，它只是记住了素材文件的路径（即维护着指向素材文件的链接），这样在编辑与渲染时，Premiere Pro 就能读取并播放素材文件。由于素材文件保存在项目文件之外，因此在项目编辑期间，它们必须始终保持可用。若素材文件的位置发生了变化，Premiere Pro 无法找到它们，此时，指向这些素材文件的链接就会断开，Premiere Pro 也就无法正常播放它们。

★ ACA 考试目标 2.4

当某个素材文件的位置发生了变化或被重命名后，指向这个素材文件的链接就会断开。当素材文件的导入源消失时，链接也会断开，例如下面这些情况：你从摄像机存储卡中导入了某个视频素材，后来把摄像机存储卡从计算机上拔除了；从某个外置硬盘中导入素材，然后从计算机中移除这个外置硬盘，将其再次连接到计算机时，计算机为它分配了一个不同的盘符。

为了避免出现上面这些问题，在从某个文件夹中导入某个素材文件后，必须确保该素材所在的硬盘在整个项目编辑期间始终处于联机状态，并且尽量不要移动或重命名素材文件。也就是说，在导入某个素材之前，必须先确保文件的名称和位置是固定可用的。

3.5.1 从可靠位置导入素材

在前面项目的制作过程中，我们总是先把项目中用到的素材文件复制或移动到项目相关的文件夹中。这样可以确保在整个项目制作过程中，Premiere Pro 总是可以访问到素材文件。

请不要直接从 Downloads 文件夹、摄像机存储卡、U 盘，以及其他可拔插存储介质上导入素材到项目中。在导入素材文件之前，先把素材文件从这些存储介质中复制或移动到项目相关文件夹中。这样当这些存储介质从计算机上移除之后，Premiere Pro 仍然可以正常找到素材文件。如果你要使用的素材文件保存在一个外置存储器上，并且在视频项目制作期间该存储器始终与计算机相连，那你也可以直接从这个外置存储器上导入素材到项目中。

当你与其他人合作制作视频项目时，请尽量把所有项目素材放到一起，这一点非常重要。例如，在某个视频项目制作过程，你从 Downloads 文件夹把一段免费的音乐素材导入了项目中，然后你把项目文件传给了合作伙伴，此时，如果那段音乐素材仍然在你计算机的 Downloads 文件夹中，那你的合作伙伴将无法正常使用那段音乐素材。为了避免出现这个问题，你可以把音乐素材一同放入项目素材文件夹中，这样当你把项目文件夹传给合作伙伴时，他们也能正常使用它了。

本示例项目中用到的所有素材都存放在了 project3_action 文件夹下的 MediaFiles 子文件夹中，因此，你大可放心地把它们导入项目。具体来说，我们会把 MediaFiles 文件夹下的 4K Clip、Audio Clips、Graphics、Video Clips 文件夹中的内容导入项目中，但是不会导入 Presets 与 Project 文件夹中的内容。

（1）使用如下任意一种方法，把 4K Clip、Audio Clips、Graphics、Video Clips 文件夹中的内容导入【项目】面板中。

- 使用【文件】>【导入】命令。
- 使用【媒体浏览器】面板。
- 从桌面把文件夹拖放到【项目】面板中。

（2）在【项目】面板中创建一个 Sequences 素材箱，用于存放项目中用到的多个序列。

（3）保存项目。

3.5.2　重新链接脱机媒体文件

在 Premiere Pro 尝试播放一段媒体素材时，若找不到它，Premiere Pro 会显示一个红色画面，指出试图播放的媒体文件处于脱机状态（图3.2）。这表示指向这个媒体文件的链接断开了，媒体文件的位置或名称已经变了。

遇到这种情况时，首先要停下来，想一想媒体素材文件是不是存放在外置存储器上，以及这个外置存储器是否已经正确连接到了计算机上。如果你经常使用外置存储器来存放素材文件，那么会经常碰到这种情况。当你把存放媒体文件的外置存储器正确连接到计算机上后，一旦Premiere Pro 在项目文件记录的路径下找到指定的媒体文件，它就会把媒体文件的状态恢复成在线状态。

图 3.2　媒体文件脱机提示画面

当某个媒体文件因为位置或名称改变而进入脱机状态时，我们需要手动重新链接它。

（1）从菜单栏中选择【文件】>【链接媒体】，打开【链接媒体】对话框（图 3.3）。

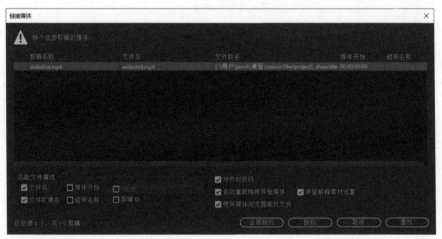

图 3.3　【链接媒体】对话框

在打开的【链接媒体】对话框中列出了所有脱机媒体文件，并且指出了文件名称以及最近一次访问路径。

（2）选择脱机媒体文件，单击【查找】按钮。

若有多个媒体文件丢失，勾选【自动重新链接其他媒体】复选框可以减少必要的搜索次数。

提示

右击脱机媒体文件，从弹出菜单中选择【链接媒体】也可打开【链接媒体】对话框。

单击【全部脱机】或【脱机】按钮，Premiere Pro 将暂时不解析所选脱机文件的路径，并为所有脱机媒体文件显示脱机画面。

（3）在【查找文件】对话框（图 3.4）中找到并选择脱机文件，然后单击【确定】按钮。

图 3.4 【查找文件】对话框

【查找文件】对话框的工作方式与【媒体浏览器】面板类似，你可以使用它提供的多个工具轻松查找丢失的媒体文件。对话框的左侧是文件夹目录树，右上角有过滤器与搜索框。

如果你确定丢失的媒体文件的名称没有改变，则可以勾选【仅显示精确名称匹配】复选框，这可以帮助你从一个长文件列表中快速找到丢失的文件。

在把一个项目关闭后，如果你把项目中用到的媒体文件的位置或名称改变了，当试图再次打开这个项目时，Premiere Pro 会自动弹出【链接媒体】对话框，要求你重新链接丢失的媒体文件。

3.5.3　勾选【收录】复选框

在【媒体浏览器】面板中勾选【收录】复选框（图 3.5）有助于节省时间。因为勾选这个复选框后，Premiere Pro 会在导入媒体素材时复制它并对它进行预处理，包括创建代理、转码（转换格式）等。但是，在勾选【收录】复选框后，媒体素材的位置会发生变化，并且收录功能会一直处于开启状态，直到你主动关闭它，而这有可能会带来意想不到的结果。当开启【收录】功能时，你一定要了解它是怎么设置的。否则，在为当前项目收录媒体文件时，你使用的很可能是上一个项目的收录设置和存储位置；媒体文件的复制位置也有可能不是你所希望的，Premiere Pro 可能会把它保存在与当前项目无关的文件夹中。

图 3.5 【媒体浏览器】面板中的【收录】复选框

3.6 查看剪辑属性

处理素材时，你需要了解与它有关的更多信息。例如，如果素材是一个视频文件，你可能想知道视频的格式、帧速率等。

要使用【属性】命令，请选择素材，然后选择【文件】>【属性】；或者使用鼠标右键（Windows）或按住 Control 键（macOS）单击素材，从弹出菜单中选择【属性】。

★ ACA 考试目标 1.4

★ ACA 考试目标 2.4

Premiere Pro 将打开【属性】面板（图 3.6），列出所选素材的各种属性。选择的素材的类型、格式不同，列表中显示的属性也不同。不但不同类型的素材（如视频剪辑、静态图像、音频剪辑）有不同的属性，即便都是视频剪辑，也会因为格式的不同而有不同的属性。

使用智能手机拍摄的高清视频有如下属性。

- 文件路径。显示文件所在的位置，Premiere Pro 通过文件路径来确定素材文件的确切位置。若文件在另外一个不同的硬盘上，文件路径也会包含文件所在的硬盘名称或盘符。
- 类型。显示素材的文件类型。
- 文件大小。显示素材占用的存储空间大小。

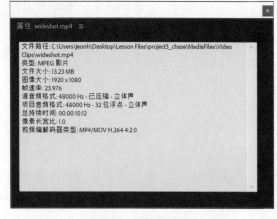

图 3.6 【属性】面板

- 图像大小。显示视频帧或静帧的大小，单位是像素。例如 1920 像素 ×1080 像素是指 1080p（2K）高清视频帧。

- 帧速率。显示以什么速率播放素材的帧，单位是"帧 / 秒"。例如 29.97 帧 / 秒表示每秒播放 29.97 帧。

- 音频格式。音频格式描述的是音频的规格。例如，"44100Hz - 已压缩 - 单声道"表示该音频的采样率是 44100 赫兹，且经过了压缩，是单声道（只有一个声道）。

- 总持续时间。指的是在未设置入点与出点的情况下整个剪辑的持续时间。

- 像素长宽比。你可能已经知道视频帧有长宽比——视频帧宽度与高度的比。尽管许多图像与视频格式使用的都是正方形像素（1.0），但仍然有一些格式的视频使用的是长方形像素。若像素不是正方形像素，Premiere Pro 可对其进行补偿，防止图像扭曲。

- 检测到的可变帧率。虽然专业摄像机能够以精确、恒定的帧速率拍摄视频，但有些消费级录像设备是以可变帧率拍摄视频的，包括智能手机、游戏录制设备、Skype，以及其他一些流媒体平台（它们可以把你的流媒体录制下来并存档）。若可变帧速率得不到正确处理，视频与音频就会出现不同步问题。当 Premiere Pro 检测到视频是使用可变帧速率拍摄的，它会自动尝试把视频与音频同步起来。

在 Premiere Pro 中，你可以把不同类型的剪辑添加到同一个序列中，所以不强制要求所有剪辑都必须有一模一样的属性。

3.7 粗剪

★ ACA 考试目标 1.4

★ ACA 考试目标 4.1

★ ACA 考试目标 4.3

★ ACA 考试目标 4.7

第 2 章中制作的项目是一个采访视频，编辑起来很简单，只需要把几个采访片段串起来即可。而本章中的项目有点不一样，它是有故事情节的。所有视频剪辑都是根据故事板及前面提到的镜头列表拍摄的，这里我们可以参照故事板来做粗剪。参照故事板按顺序把各个剪辑添加到序列中，为进一步编辑、添加音频与效果打下良好的基础。

3.7.1 参照故事板

故事板中的场景图用处很多，文件命名时可以参考，向序列中添加剪辑确定先后顺序时也可以参考。

打开 storyboard-chase.pdf 文件，看一下每个场景图的左上角写的是什么（图 3.7）。例如，第一个场景图的左上角写的是 s1A，第二个是 s1B，它们代表的含义如下。

- s 代表的是"场景"或"序列"（这里指的是镜头序列，不是 Premiere Pro 序列）。
- 中间数字代表的是在序列中的镜头编号。
- 最后一个字母代表的是应该使用哪个摄像机拍摄。

综上，s1A 代表的是场景 1、镜头 1、使用摄像机 A 拍摄。

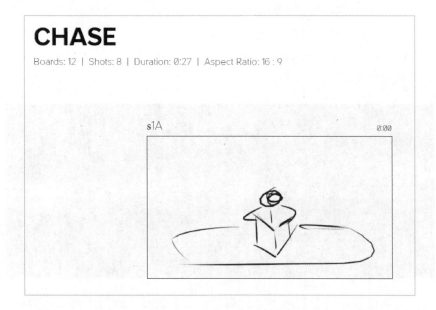

在为拍摄的剪辑命名时也采用同样的命名约定，这样当你在 Video Clips 素材箱中查看各个剪辑时，你能轻松地把它们与故事板中的场景图对应起来。

图 3.7 带有镜头标签（用作文件名）的故事板

当然，在视频制作过程中，你完全可以遵从自己习惯的命名约定。

3.7.2 创建序列

本项目至少需要一个序列，下面我们先创建一个。

（1）观看故事板，找出哪个视频剪辑是第一个，这里是 s1A。但是，Video Clips 素材箱中有多个剪辑的文件名中都包含 s1A，我们首先要确定哪个剪辑应该是第一个。

文件名中的"V2"与"V3"代表的是同一个镜头的不同版本或不同选择；一个是广角镜头，另外一个是特写镜头。从故事板看，序列最开始是一个学生的广角镜头，然后切到特写，所以广角镜头应该是序列中的第一个镜头。

（2）使用前面学过的任意一种方法，基于第一个剪辑新建一个序列。这里我们把第一个剪辑拖动到素材箱面板底部的【新建项】按钮上。

（3）在 Video Clips 素材箱中把序列名称改一下，使其与剪辑名称不一样。这里我们将其更改为 PSA Sequence。

（4）把 PSA Sequence 序列从 Video Clips 素材箱中移动到 Sequences 素材箱中（图 3.8）。

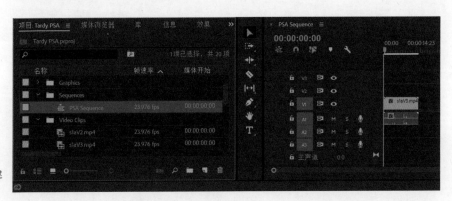

图 3.8　在项目中创建 PSA Sequence 序列

当你可以同时看到两个素材箱时，上面的操作做起来会比较容易。为此，你可以在【项目】面板中把视图切换成列表视图，或者在一个非停靠面板中打开其中一个素材箱。

3.7.3 构建第一个场景

到这里，我们已经完成了做粗剪所需要的所有准备。我们有视频剪辑，有故事板，知道如何在序列中安排各个视频剪辑。接下来我们该参考故事板把各个视频剪辑添加到序列中了。

根据故事板构建第一个场景（图 3.9）。请注意，你在构建第一个场景时不一定非得要与这里一样，只要符合故事板中描述的情景即可：从一个学生正在阅读的镜头（广角）切换到学生在铃声响起时的反应镜头（特写）；然后是其他一系列镜头，包括看表、跳跃、向屋外跑去等。

图 3.9 根据故事板构建第一个场景

构建第一个场景时，应该注意如下几点。

- 在 Audio Clips 素材箱中选择 bell.wav 文件后，先在【源监视器】面板中做修剪，然后将其添加到序列中，再将其与视频同步。添加标记有助于把音频与视频同步。

- 在【时间轴】面板中拆分剪辑的方法有多种，例如使用【剃刀工具】单击剪辑；把播放滑块移动到指定帧上，然后从菜单栏中选择【序列】>【添加编辑】，或者按【添加编辑】命令的快捷键 Ctrl+K（Windows）或 Command+K（macOS）。

- 使用【选择工具】单击序列中的间隙，按 Shift+Delete 快捷键（【波纹删除】命令的快捷键）删除间隙。

- 趁此机会练习【三点编辑】。在【三点编辑】中，先指定源入点、源出点、序列入点，然后使用【插入】或【覆盖】命令把剪辑添加到序列中。Premiere Pro 会根据剪辑的持续时间（从源入点到源出点之间的时间段）自动确定序列出点。

- 找机会尝试使用"L 剪接"与"J 剪接"法，这种手法在叙述故事上比将每个剪辑的声音与视频都同步要好得多。

- 故事板中的 s1C 镜头拍了 3 个版本：s1cV1.mp4、s1cV2.mp4、s1cV3.

mp4。你可以根据故事情节的需要从中选择一个最合适的添加到序列中。

3.8　使用竖版视频

根据故事板，序列的第二个场景使用镜头的是 s3A 与 s3B。值得注意的是 s3a.mp4 是使用智能手机竖拍的。尽管使用智能手机能够拍出高质量的视频，但编辑竖版视频并非易事，因为其长宽比与普通高清视频的不一样。

理想情况下，我们应该提醒拍摄者在使用智能手机拍摄视频时尽量采用横拍的方式。但是，出于种种原因，在现实情况下我们无法做到这一点。接下来我们着重讲一讲如何在传统的横版视频中使用竖版视频。

3.8.1　向序列中添加竖版视频

粗剪的第二个场景会用到 s3a.mp4 剪辑，它是一个使用智能手机拍摄的竖版视频。首先，我们把它添加到序列中。

（1）在 Video Clips 素材箱中双击 s3a.mp4 剪辑，将其在【源监视器】面板中打开。

（2）在剪辑上设置好入点与出点。

（3）把剪辑添加到序列中，使其位于第一个场景之后（图 3.10）。

图 3.10　把 s3a.mp4 剪辑添加到序列中

在把 s3a.mp4 剪辑添加到序列中后，你会发现如下问题：只能看到竖版视频的中间部分，视频的顶部与底部都被裁掉了；在序列的帧画面中，左侧与右侧有大面积黑色区域。这是因为竖版视频的宽度不够，无法填满整个帧。在这种情况下，我们不能把竖版视频放大以填满左右两个黑色区域，不然我们看到的视频区域会更小。当然，你可以把竖版视频缩小一些，以便能够看到包括顶部与底部在内的完整的竖版视频画面。

（4）在剪辑处于选择的状态下，使用鼠标右键（Windows）或按住 Control 键（macOS）单击剪辑，从弹出菜单中选择【设为帧大小】（图 3.11）。

图 3.11 把剪辑设为帧大小

此时，整个竖版视频都显示出来了，但是还需要填充两侧的黑色区域。

3.8.2　使用剪辑副本填充黑色区域

使用竖版视频时，一种常见的处理操作就是填充黑色区域。最简单的方法就是使用同一个剪辑的副本进行填充，步骤如下。

（1）把视频剪辑 s3a.mp4 拖动到 V2 视频轨道上（图 3.12）。

（2）在【源监视器】面板中打开同一个竖版视频，仅把剪辑的视频部分拖动到【时间轴】面板中的 V1 轨道上，使其与 V2 轨道上的视频对齐。

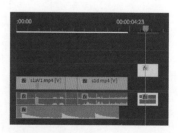

图 3.12 把剪辑拖动到 V2 视频轨道上

在【源监视器】面板中拖动预览画面下方的【仅拖动视频】图标，可以只把视频拖动到【时间轴】面板中。

（3）选择 V1 轨道中的竖版视频。

（4）在【效果控件】面板中调整缩放值，使剪辑盖住画面中的所有黑色区域。

最快捷的方法是把鼠标指针放到【缩放】上，然后按住鼠标左键并向右拖动，即可增大缩放值。

（5）在【效果】面板中找到【高斯模糊】效果，将其应用到放大后的剪辑上。

查找一个效果最快的方法就是使用【效果】面板顶部的搜索框。找到要使用的效果后，将其直接从【效果】面板拖动到【时间轴】面板中的剪辑上即可。

（6）在【效果控件】面板中增大【高斯模糊】效果下的【模糊度】，对剪辑进行模糊，直到所选剪辑成为一个辅助性的背景，让观众把注意力集中到中间的竖版视频上（图 3.13）。

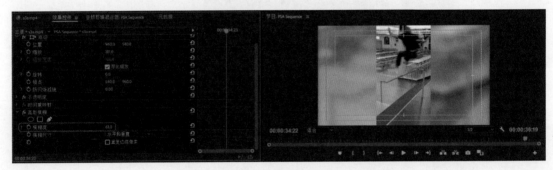

图 3.13　在【效果控件】面板中调整【高斯模糊】效果，从而模糊背景

3.8.3　使用图片填充黑色区域

隐藏画面中黑色区域的另外一个办法是填充图片。如果你有充足的准备时间，你完全可以专门制作一张图片，然后将其置于竖版视频之后充当背景。这里我们已经事先准备好了一张背景图片，只需将其添加到序列中，再做适当调整即可。

（1）在【项目】面板中打开 Graphics 素材箱。

（2）在 Graphics 素材箱中选择图片 stairs-graphic.jpg，将其拖动到模糊的视频背景（位于 V1 轨道）上。此时，Premiere Pro 会使用图片替换掉视频背景（图 3.14）。调整图片的持续时间，与 V2 轨道中的视频持续时间一致。

图片是从视频中截取的，经过了放大，并且又添加了另外两个元素：一个红色箭头（用于指示跳跃位置）与一个智能手机（带有空白屏幕）。智能手机的空白屏幕用来放置竖版视频，为此我们需要在【效果控件】面板中对竖版视频的某些属性做调整。

图 3.14 添加到序列中的图片

（3）在【时间轴】面板中选择竖版视频。然后在【效果控件】面板中调整【位置】与【缩放】属性，使竖版视频完全匹配智能手机屏幕（图 3.15）。

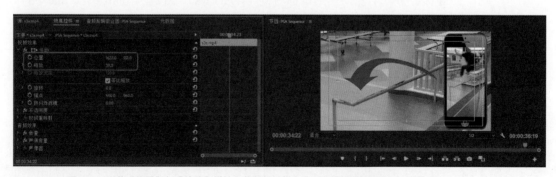

图 3.15 调整【位置】与【缩放】属性，使竖版视频完全匹配智能手机屏幕

除了可以调整【位置】与【缩放】属性之外，我们还可以使用【边角定位】效果把竖版视频放到智能手机屏幕上。当调整【位置】与【缩放】属性无法把视频与模板完全对齐（例如模板有轻微的倾斜）时，使用【边角定位】效果会更好一些。大体步骤如下：首先像应用其他效果一样，把【边角定位】效果应用到所选剪辑上；然后拖动效果控制框上的 4 个边角控制点，使它们分别与手机屏幕的 4 个角对齐。这就是调整视频的几何形状，使其与手机屏幕的形状匹配。

但是，有时你就是需要使用原来的竖版视频，例如在竖屏的智能手机上播放视频时，这种情况常出现在一些手机 App 上，如 Instagram Stories。

3.8.4　向序列中添加落地镜头

在 Video Clips 素材箱中，剪辑 s3b.mp4 录制的是学生跳过台阶后落地的镜头。先在【源监视器】面板中为 s3b.mp4 剪辑添加入点与出点，然后将其添加到【时间轴】面板中，紧跟在剪辑 s3a.mp4 之后。

编辑场景 3 时，你可以使用 L 剪接，将 s3a 剪辑的音频延伸到 s3b 剪辑中。若想把剪辑的视频与音频分开，单独编辑剪辑的音频，必须使用特别一点的技术，例如按住 Alt（Windows）或 Option 键（macOS），在【时间轴】面板中拖动音频剪辑的尾部，或者把视频轨道锁定。

做完 L 剪接之后，根据场景对序列中的剪辑进行编组，把相关剪辑编入一个组中（先选择场景中的剪辑，再从菜单栏中选择【剪辑】>【编组】），然后为各个编组指定标签颜色（从菜单栏中选择【编辑】>【标签】）。当然，使用鼠标右键（Windows）或按住 Control 键（macOS），在【时间轴】面板中单击某个剪辑，从弹出菜单中也可以找到上面两个命令。

3.9　编辑多机位序列

★ ACA 考试目标 4.1

★ ACA 考试目标 4.3

★ ACA 考试目标 4.7

在视频拍摄过程中，我们经常会使用多台摄像机拍摄同一个场景，且这些摄像机往往有着不同的焦段（如广角镜头与长焦镜头）与拍摄角度。这样我们应为同一个场景尽可能多拍几个镜头，以便视频编辑人员根据需要从中选择合适的镜头使用。

为了有效地使用多个镜头，同步播放多个镜头是很有用的。虽然你可以把各个镜头放在不同轨道上并将它们排列起来做手动同步，但是这种方法会花费很多的时间和精力，特别是在当你要使用很多镜头时。好在 Premiere Pro 可以自动把摄像机在不同机位上拍摄的视频剪辑关联到同一个拍摄场景，同时自动同步所有这些剪辑的时间。

3.9.1 创建多机位序列

在序列的第三个场景中会用到 s2a.mp4 与 s2b.mp4 两个剪辑，它们拍摄的是同一个场景，但拍摄的角度不同。这种情况下，我们可以使用 Premiere Pro 中的多机位序列构建场景。

（1）在 Video Clips 素材箱中同时选择 s2a.mp4 与 s2b.mp4 两个剪辑。

（2）从菜单栏中选择【剪辑】>【创建多机位源序列】，打开【创建多机位源序列】对话框（图 3.16）。

此外，你还可以使用鼠标右键或按住 Control 键单击所选剪辑，然后从弹出菜单中选择【创建多机位源序列】。

（3）选择【视频剪辑名称+】，输入一个名称，这里输入的是"corner"（因为人物在场景中有拐弯的动作）。【视频剪辑名称+】中的"+"表示"corner"会被添加到第一个选择的剪辑的名称之后。你还可以单击【视频剪辑名称+】，从下拉列表中选择【自定义】，然后输入一个名称，该名称会单独出现。

（4）在【同步点】中选择【音频】。若每个剪辑的开头都有一小段明确的声音提示，那么建议你在【同步点】中选择【音频】，Premiere Pro 会利用这个简短的提示音精确对齐两个剪辑的视频帧。当然，除了【音频】之外，还有其他几种同步方式，具体选哪个取决于视频是如何拍摄的。例如，对于动作，如果你肯定所有剪辑都是从完全相同的帧开始的，那你可以选择

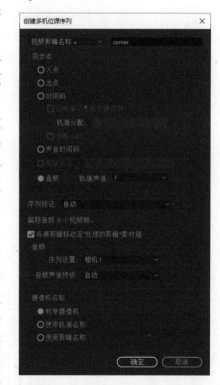

图 3.16【创建多机位源序列】对话框

【入点】。

（5）勾选【将源剪辑移动至"处理的剪辑"素材箱】复选框，Premiere Pro 会创建一个名为"处理的剪辑"的素材箱（仅当这个素材箱不存在时才创建），并把 s2a.mp4 与 s2b.mp4 两个剪辑移入其中。这样，你就知道这两个剪辑已经用在某个多机位序列中了。

（6）其他选项保持默认设置不变，单击【确定】按钮。

此时，Video Clips 素材箱中多出了两项，一个是名为 s2a.mp4corner 的序列，另一个是名为"处理的剪辑"的素材箱（其中包含 s2a.mp4 与 s2b.mp4 两个剪辑）。

3.9.2　把多机位序列添加到【时间轴】面板

创建好多机位序列之后，接下来就可以在主序列中使用它了。

（1）把 s2a.mp4corner 序列从 Video Clips 素材箱中拖放到主序列中，使其位于最后面。

播放多机位序列，你会发现只能看到其中一个镜头。看到的是哪个镜头呢？观察【时间轴】面板中的多机位序列，你会发现其名称以 [MC1] 开头，代表的是 Multicam 1，即第一个镜头。

其实，我们可以指定要看到的镜头。

（2）在【时间轴】面板中选择多机位序列，然后从菜单栏中选择【剪辑】>【多机位】>【相机 2】，即可切换到第二个镜头。

相比从菜单栏中选择，更快的方法是使用鼠标右键（Windows）或按住 Control 键（macOS）单击多机位序列，然后从弹出菜单中选择【多机位】>【相机 2】。

在多机位序列中切换不同的摄像机是一个很简单的操作。在把多机位序列添加到主序列后，接下来我们就该好好利用多机位序列中的多个镜头了。

3.9.3　在不同摄像机之间切换

创建多机位序列的一个主要目的是快速方便地在不同摄像机之间切换镜头。为了操作方便，首先我们在【节目监视器】面板中添加一个【切换多机位视图】控件。

（1）在【节目监视器】面板中单击【按钮编辑器】按钮，把【切换多机位视图】控件拖入【控制】面板中（图 3.17）。

图 3.17　把【切换多机位视图】控件拖入【控制】面板

（2）单击【切换多机位视图】按钮。

此时，【节目监视器】面板被拆分成左右两个区域，左侧显示的是所有可用剪辑，右侧显示的是当前选用的剪辑（图 3.18）。在左侧区域中，带有黄色边框的剪辑是当前选用的剪辑，即当前在序列中可见的剪辑。

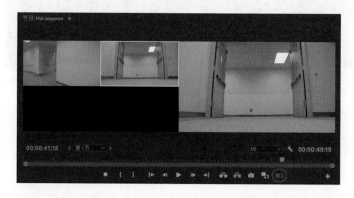

图 3.18　多机位视图

（3）切换到多机位序列开始时你想看到的摄像机镜头处。这里我们切换到【相机 1】。

（4）把播放滑块移动到多机位序列的开头，播放序列，观察在哪个时间点上适合切换到另外一个镜头合适。

为了便于观察，你可以逐帧前进，不要直接播放序列。

（5）在序列的播放过程中，当播放滑块到达适合切换的时间点之后，在多机位视图中单击你要切换的镜头，此时你单击的视图会出现红色边框。

（6）按空格键停止播放。此时，【节目监视器】面板的右侧区域中显示的内容变成了另外一个镜头，Premiere Pro 会在视频轨道中创建一个编辑点，并会切换摄像机（图3.19）。当播放停止时，多机位视图中的红色边框再次变成黄色边框，序列中也出现了新的编辑点。

图 3.19 在多机位视图中单击后，Premiere Pro 会在【时间轴】面板中的视频轨道上创建新的编辑点

借助这种方法，你可以在观看多机位序列时，通过单击某个摄像机来添加摄像机切换点。这个过程中无需停止播放序列，你可以即时编辑多机位序列，就像在直播过程中切换摄像机一样。

（7）根据需要使用前面学过的其他编辑技术（如滚动编辑、滑动编辑等），调整多机位序列上编辑点的位置。

（8）对场景进行编组并指定一种标签颜色，保存项目。

3.9.4 练习多机位编辑

提示

使用多台摄像机拍摄节目时，请尽量一次性录完整个节目。即使中间有中断，也请尽可能地减少中断次数。这样不仅可以大大减少多机位序列的个数，还可以减少同步操作所耗费的时间。

第四个序列要用到 Video Clips 素材箱中的 s4a.mp4、s4b.mp4 两个剪辑，这两个剪辑拍摄的也是同一个场景，只是拍摄角度不一样。使用刚刚学过的技术基于这两个剪辑创建一个多机位序列，然后将其添加到主序列末尾，找到合适的镜头切换时间点并根据需要做调整。

在多机位编辑完成后，单击【节目监视器】面板中的【切换多机位视图】按钮，切换回正常的视图下。

3.10 完成序列编辑

我们还需要添加最后一个剪辑，并清理间隙。

★ ACA 考试目标 4.1

★ ACA 考试目标 4.2

根据故事板，最后一个剪辑应该是 s4c，视频中的男学生大松了一口气，因为他按时跑进了教室。

添加最后一个剪辑时，先把 s4c.mp4 从 Video Clips 素材箱拖到序列末尾，然后根据需要做适当修剪。

如果各个场景之间存在间隙，那么我们应该把它们删除。前面我们学习了如何选择间隙以及按快捷键执行波纹删除操作。但是当序列中包含大量间隙时，使用这种方法会非常麻烦。在这种情况下，使用【封闭间隙】命令会更快。

从菜单栏中选择【序列】>【封闭间隙】，可以删除序列中的所有间隙（图 3.20）。

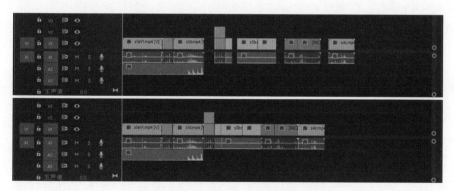

图 3.20 【封闭间隙】命令执行前与执行后

接下来，你可以在视频中添加一个细节，即让上课铃声在序列末尾时再次响起。首先复制序列开头的音频剪辑，然后粘贴到序列末尾。为了防止添加到错误的轨道上，你可以先把【A1】指定为目标音频轨道，然后进行粘贴。

接下来你可以把每个场景都用一种独特的颜色标记一下，这样以后

提示

另外一种快速复制上课铃声的方法是：按住 Alt 键（Windows）或 Option 键（macOS），然后将其拖动到序列末尾。

如果你或其他人需要再次修改序列时，每个场景的开始和结束位置都一目了然。

到这里，你可能觉得剪辑已经编辑好了。但对于剪辑的音频和视频，其实还有一些调整和修饰工作要做。

3.11　美化声音

★ **ACA 考试目标 4.7**

在专业的视频制作中，很少会直接使用原始音频。就像对视频剪辑做校色与颜色分级处理一样，一段音频必须经过适当的处理与调整才能在项目中使用。这样才能使项目的整体性更好，才能更好地表现视频的故事感以及导演的意图。

3.11.1　音频编辑的准备工作

在编辑音频之前，需要先做一些准备工作，如切换到【音频】工作区、添加入点和出点等。

（1）根据需要执行下面一个或若干个步骤。

- 切换到【音频】工作区下。
- 在【时间轴】面板中调整音频轨道的高度，显示出音频波形与控件。
- 添加背景音乐。序列时长只有 15 秒左右，而背景音乐的时长较长，所以需要修剪一下。
- 如果你采用了前面建议的项目组织方式，那你应该已经把背景音乐复制到了 Audio Clips 文件夹中。
- 若音乐剪辑的时长没有序列长，你可以跳过第 2 步，直接在【时间轴】面板中进行修剪。

（2）双击背景音乐，将其在【源监视器】面板中打开，设置入点与出点，确定要在序列中使用的一段（20 秒）。

这里我们让背景音乐比序列视频长一点是为了方便后续添加片尾字幕。

（3）把背景音乐剪辑拖入【时间轴】面板中一个未被占用的音频轨道（A3）上（图 3.21）。

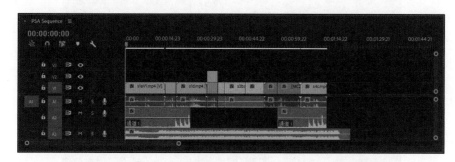

图 3.21 把背景音乐添加到 A3 轨道上

3.11.2　使用【基本声音】面板处理音频

在传统的音频处理过程中，音效师们会根据音频类型选用相应的音频控件进行调整。在 Premiere Pro 中，【基本声音】面板可以把这个过程自动化。不管是什么样的音频，你只要选定音频的类型，Premiere Pro 就会自动帮我们做相应的处理。

下面我们使用【基本声音】面板来美化剪辑音频，步骤如下。

（1）在【时间轴】面板中同时选择序列中的第一个与最后一个剪辑，这两个剪辑中都包含人物对话。

（2）若当前【基本声音】面板未显示出来，请从菜单栏中选择【窗口】>【基本声音】，将其显示出来。

（3）在【基本声音】面板中单击【对话】按钮。这样【基本声音】面板就会把我们所选剪辑的音频当作对话来处理，并把用于处理对话的控件显示出来（图 3.22）。

（4）在【时间轴】面板中单击第二个剪辑，按住 Shift 键单击倒数第二个剪辑，把除第一个和最后一个剪辑之外的其他视频剪辑全部选择。

（5）在【基本声音】面板中单击【环境】按钮。这样【基本声音】面板就会把我们所选剪辑的音频当作环境音来处理，并把相应的控件显示出来。

（6）在【时间轴】面板中选择铃声音频剪辑的两个实例，然后在【基本声音】面板中单击【SFX】（音效）按钮。

图 3.22　在【时间轴】面板中选择对话剪辑，然后在【基本声音】面板中单击【对话】按钮

（7）在【时间轴】面板中选择背景音乐剪辑，然后在【基本声音】面板中单击【音乐】按钮。

（8）在【基本声音】面板中单击【预设】，选择【平衡的背景音乐】（图 3.23）。这个预设会使用其他剪辑中的其他类型的音频来平衡音乐。

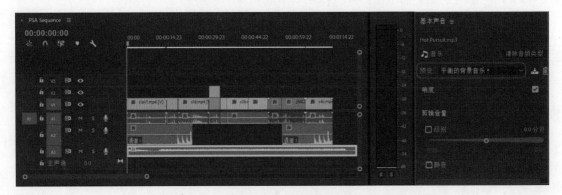

图 3.23　从【预设】中选择【平衡的背景音乐】

（9）若想把背景音乐淡出，你可以在背景音乐剪辑的音量橡皮筋上添加关键帧。

（10）播放序列，确认效果。你可以根据需要自由地调整【基本声音】面板中的各项设置，对声音做进一步调整。

3.12 使用调整图层

★ ACA 考试目标 4.5

如果你想向整个序列添加一个效果，你会怎么做呢？前面我们学习了如何对一个剪辑应用一个效果，还学习了如何把效果复制粘贴到其他剪辑上（选择【编辑】>【复制】和【编辑】>【粘贴属性】）。但对一个复杂且包含多个轨道的序列来说，这种方法并不实用。

对于这个问题，我们有一个更好的办法，那就是使用调整图层。调整图层类似一个空的素材，我们可以把某个效果应用到它上面，位于其下所有轨道上的剪辑都会自动应用这个效果。这样，当我们希望向序列中的多个剪辑应用某个效果时，不用挨个复制粘贴了。我们只需在视频轨道中添加一个调整图层，然后把效果应用到这个调整图层上，这个效果就会被自动应用到该调整图层之下所有轨道中的剪辑上。

Premiere Pro 中的调整图层与 Adobe Photoshop、Adobe After Effects 中的调整图层在工作原理上是一样的。如果你在 Adobe Photoshop、Adobe After Effects 中用过调整图层，那你肯定不会对 Premiere Pro 中的调整图层感到陌生。

执行如下步骤创调整图层。

（1）在【项目】面板或素材箱中单击【新建项】按钮，从弹出菜单中选择【调整图层】。

此外，还有两种方法也可以创建调整图层：从菜单栏中选择【文件】>【新建】；使用鼠标右键（Windows）或者按住 Control 键（macOS），在【项目】面板或素材箱中单击，然后在弹出菜单中选择【新建项目】>【调整图层】。

（2）在【调整图层】对话框中确保调整图层的设置与目标序列一致，单击【确定】按钮。

然后，你就可以在【项目】面板或素材箱中看到新建好的调整图层了。你可以重命名调整图层，方法与重命名【项目】面板或素材箱中的其他项一样：单击调整图层的名称，当图层名称变为可编辑状态时输入新名称。在项目中，如果用到的调整图层不止一个，建议你为每一个调整图层都起个名字，以便把它们轻松区分开来。

（3）把调整图层从【项目】面板或素材箱拖动到【时间轴】面板中一个单独的视频轨道上，使其位于其他所有视频轨道之上（图 3.24）。

图3.24 在【项目】面板中新建调整图层，并添加到【时间轴】面板中

若没有空白轨道可用，你可以把调整图层拖放到现有轨道的最上方，Premiere Pro 会自动添加一个轨道，用来存放调整图层。

（4）拖动调整图层的一端，使其持续时间与序列一致或者符合你的要求。

这里我们让调整图层与最后一个视频剪辑同时结束，使它不会影响后面要添加的片尾字幕。

（5）为调整图层应用指定效果（图3.25）。播放序列，你会发现应用到调整图层上的效果会影响到低层轨道上的所有剪辑。

图3.25 通过调整图层把【Lumetri 颜色】效果应用到整个序列上

这里，我们对调整图层应用了【Lumetri 颜色】效果，具体来说，我们从【创意】的【Look】中选择了一种外观。外观是一种颜色风格，用于模拟某种胶片感觉或者营造某种情绪。在一个长序列中，调整图层可能只覆盖序列中的某些特定场景。例如，从温暖的日落场景到凉爽的蓝色夜晚场景，再到角色记忆中的深褐色场景。

使用调整图层不仅使对多个剪辑应用同种效果变得简单，还为修改多个剪辑的效果带来了很大的便利。在调整图层的帮助下，你不需要挨个修改剪辑的效果，而只需要在调整图层上修改一次，受调整图层影响的所有剪辑上的效果都会得到同步更新，不管有多少个剪辑都能一次搞定，从而大大节省时间。

3.13 了解【时间轴】面板中的控件

经过前面的学习，我们已经掌握了一些 Premiere Pro 基础知识与技巧，并有了一定的使用经验与心得。接下来我们深入了解一下【时间轴】面板中的各种控件，掌握这些控件的用法有助于提高你的工作效率。

★ ACA 考试目标 2.2
★ ACA 考试目标 2.3

在【时间轴】面板左上角有一组控件（图 3.26），你可以通过这些控件改变【时间轴】面板的使用方式。

- 播放指示器位置。显示当前播放滑块所在的位置。单击它，输入目标时间点，Premiere Pro 会把播放滑块移动到目标时间点上，并且在输入时间时可以不输入分隔符。例如，你想把播放滑块移动到第 10 秒 0 帧处，可以输入 1000，然后按 Enter 键即可，Premiere Pro 会自动把 1000 解释为 10:00。移动播放滑块时，除了可以直接在时间轴上拖动播放滑块之外，还可以把鼠标指针放到时间码上，然后按住鼠标左键左右拖动改变它。

图 3.26 【时间轴】面板左上角的控件组

A. 播放指示器位置　B. 将序列作为嵌套或个别剪辑插入与覆盖　C. 对齐
D. 链接选择项　E. 添加标记　F. 时间轴显示设置

- 将序列作为嵌套或个别剪辑插入与覆盖。在把一个序列添加到另外一个序列中时，可以选择让序列作为一个素材添加，还可以选择分别添加序列中的每个剪辑。若是前者，请单击启用该按钮（这也是默认状态）；若是后者，请单击关闭该按钮。

- 对齐。单击【对齐】按钮后，Premiere Pro 会把【时间轴】面板中的内容沿边缘对齐，例如剪辑和标记。【对齐】功能的快捷键是 S 键。

- 链接选择项。单击【链接选择项】按钮后，对于同一个剪辑，不论单击的是剪辑的视频还是音频，它们都会被同时选择。如果你想把剪辑的视频与音频分开单独进行编辑（例如做 L 剪接或 J 剪接），请关闭该按钮，编辑完成后，再次单击该按钮将其打开。

- 添加标记。前面讲过单击【添加标记】按钮即可向序列或所选剪辑中添加一个标记。【添加标记】的快捷键是 M 键。

- 时间轴显示设置。单击扳手图标，可以对【时间轴】面板的显示进行设置。例如，如果你不想在剪辑上看见效果图标，可以单击该扳手图标，从弹出菜单中选择【显示效果徽章】，将其关闭。

在【时间轴】面板菜单中，你可以看到更多的显示选项，例如是否在【时间轴】面板中为剪辑显示缩览图等。

3.14   添加片尾字幕

视频制作中，最后一个步骤往往是在片尾添加演职人员表等字幕。有关创建字幕的内容我们在前面已经学过，这里我们将学习如何在视频末尾添加滚动字幕。

3.14.1   使用模板添加片尾字幕

下面我们再次使用【基本图形】面板来添加片尾字幕，步骤如下。

（1）从菜单栏中选择【窗口】>【基本图形】，打开【基本图形】面板。

或者切换到【图形】工作区下，在【图形】工作区下，【基本图形】面板默认是打开的。

（2）在【基本图形】面板中使【浏览】选项卡处于活动状态，选择你想用的字幕模板（这里是【Bold Title】模板），将其拖动到视频轨道上，使其紧接在最后一个视频剪辑之后，且位于序列末尾的音乐上方（图 3.27）。

图 3.27 把【Bold Title】模板拖入序列中

（3）若弹出【解析字体】对话框，则选择所有需要解析的字体，单击【确定】按钮。

若你的 Creative Cloud 账号无权访问 Adobe Typekit，则可能无法解析字体。这在本示例中无关紧要，单击【取消】按钮即可。你可以随时把字体更改为系统中已安装的任意字体。

（4）播放序列或拖动播放滑块，浏览字幕模板，可以看到字幕图形与文本有一个从小变大的动画效果。

（5）在【节目监视器】面板中双击字幕模板中的文本，将其替换为你的文本（图 3.28），这里是 "Stay in Shape!"（标题）与 "Don't be Tardy"（副标题）。

图 3.28 修改字幕文本

3.14.2 添加滚动字幕

接下来将添加滚动字幕。前面我们讲了如何找到要用的音乐剪辑，现在你需要自己编写演职人员表以及音乐版权信息。本小节我们不使用模板，手动创建滚动字幕。

添加滚动字幕，步骤如下。

（1）在文本编辑器中创建一个文本文件，里面包含所有需要展示的内容。

相比【节目监视器】面板，在其他文本编辑器中输入、编辑要展现的文本内容要方便得多。

（2）在文本编辑器中选择并复制所有文本。

（3）切换到 Premiere Pro 中，在【时间轴】面板中把播放滑块移动到字幕开始显示的位置。

（4）选择【文字工具】，在【节目监视器】面板中单击创建文本框。

（5）从菜单栏中选择【编辑】>【粘贴】，或者按 Ctrl+V（Windows）或 Command+V（macOS）快捷键，把剪贴板中的文本粘贴到上面创建好的文本框中（图 3.29）。

接下来我们对文本进行格式化。

（6）在文本处于选择的状态下，使用【基本图形】面板中的文本控件调整文本格式，使文本在观看者的设备上能呈现出很好的展现效果。

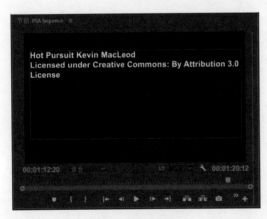

图 3.29 粘贴文本内容

（7）在【节目监视器】面板或【基本图形】面板中的文字图层列表中单击空白区域，取消选择文本图层。但要确保字幕剪辑在【时间轴】面板中处于选择状态。

此时，【基本图形】面板的【编辑】选项卡中显示的是整个剪辑的选项，其中包括【滚动】复选框。

勾选【滚动】复选框，在【节目监视器】面板中会显示出一个滚动条，方便你预览滚动设置。不过，你完全可以通过播放序列来检查滚动时间点设置得是否合适。

（8）勾选【滚动】复选框，根据需要调整滚动选项（图3.30）。【预卷】与【过卷】分别用于在字幕之前与之后添加额外时间，延迟字幕开始与结束的时间。

【缓入】与【缓出】是两种缓动形式，分别用于缓慢增加或放慢字幕的滚动速度。如果你觉得字幕开始滚动与停止滚动太过突然，你可以分别设置【缓入】与【缓出】时间，让字幕由慢到快地滚动起来，或者从快到慢地停下来。

提示

在【时间轴】面板中改变字幕剪辑的持续时间也会影响字幕的滚动速度。持续时间越长，滚动速度越慢。文本行数越多，指派给字幕的时间也越多。

图3.30 拖动【节目监视器】面板右侧的滚动条，检查滚动设置得是否合适

（9）拖动播放滑块浏览字幕滚动效果，字幕先根据你设置的滚动效果滚入画面中，然后从画面滚动出去。

3.15 录制画外音

在视频制作中，画外音十分常用。为此，Premiere Pro专门提供了一种在项目中直接录制画外音的方法。

★ ACA 考试目标 4.7

录制画外音之前，应该事先做一些准备，如撰写、编辑、校对画外音的文字脚本。本示例中，我们的画外音很简单，只有一行："Stay in shape, don't be tardy"，用来配合前面添加的片尾字幕。

在视频项目中，请不要低估音频的价值，它和视频一样重要，能够让你的作品在观众心目中留下深刻的印象。如果你经常录制画外音，或者需要为 VIP 客户的项目录制高质量音频，那你就要认真研究一下如何在录音棚里录制更好的音频。首先，要录制出高品质的音频，一个高级麦克风是必需的；其次，还要注意录音棚的布置，布置不同，录制出的音频的品质也不同。例如，说话时嘴巴要离麦克风近一些，布置声学处理设施，减少墙面反射等，这些都有助于提高音频质量。下面是录制画外音的一般流程，先从准备工作开始介绍。

3.15.1　设置【音频硬件】首选项

录制音频之前，先要设置 Premiere Pro，使其能够正确地录制与播放音频，至少需要做如下检查。

（1）在菜单栏中选择【编辑】>【首选项】>【音频硬件】（Windows），或者【Premiere Pro CC】>【首选项】>【音频硬件】（macOS），在【首选项】对话框中打开【音频硬件】面板（图 3.31）。

（2）在【默认输入】下拉列表中选择当前正在使用的麦克风或音频设备，特别是当你的系统中连接了外置麦克风时，一定要设置这一项。

（3）在【默认输出】下拉列表中选择扬声器、音频输出端口或者当前正在使用的音频设备。当你的系统中连接了外置扬声器时，请务必设置这一项。

（4）如果你使用扬声器来监听音频，请在【首选项】对话框的左侧列表中选择【音频】，打开【音频】面板，勾选【时间轴录制期间静音输入】复选框，这有助于防止录制时产生回声。

如果你使用头戴式耳机监听音频，请取消勾选【时间轴录制期间静音输入】复选框。

（5）单击【确定】按钮。

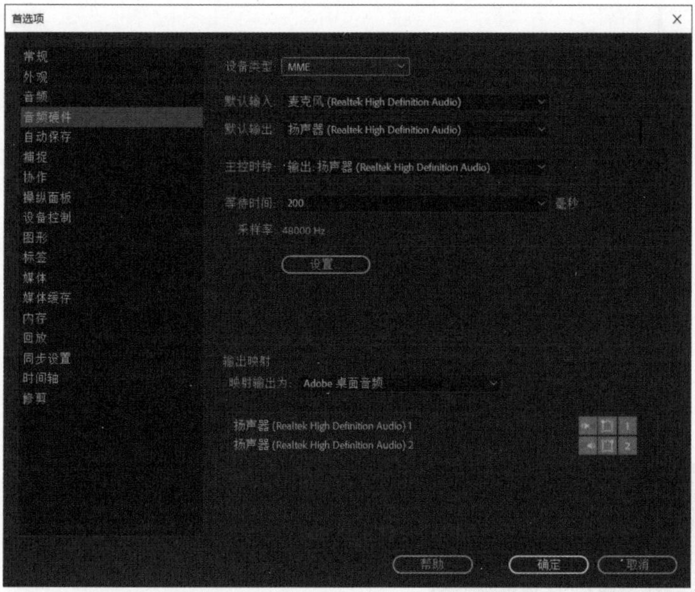

图 3.31 【首选项】对话框中的【音频硬件】面板

当出现下面这些情况时，请再次检查【音频硬件】中的设置是否正确。

- Premiere Pro 无法捕获你正在录制的音频。
- 你无法听到剪辑或序列中的音频。
- 你更换了连接到计算机上的音频设备。

3.15.2 设置【时间轴】面板

【时间轴】面板中提供了一些用于辅助音频录制的控件，但是在默认设置下，这些控件是不显示的。为了方便音频录制，我们需要把这些控件在【时间轴】面板中显示出来。若在每个音频轨道的轨道头中都看不见【画外音录制】按钮，你可以使用【按钮编辑器】添加它，就像你在【节目监视器】面板中使用【按钮编辑器】添加某个控件一样。

（1）单击【时间轴显示设置】按钮，从弹出菜单中选择【自定义音频头】（图 3.32）。

此外，你还可以使用鼠标右键（Windows）或者按住 Control 键（macOS）单击音频轨道左侧的音频头，然后从弹出菜单中选择【自定义】。

（2）在【按钮编辑器】中把【画外音录制】按钮拖入音频头中，单击【确定】按钮。

（3）使用鼠标右键（Windows）或者按住 Control 键（macOS）单击音频轨道左侧的音频头，然后从弹出菜单中选择【画外音录制设置】。在【画外音录制设置】对话框（图 3.33）中，你可以进行如下录音设置。

- 名称：录制后，保存音频剪辑时使用的名字。
- 源：音频源硬件。
- 输入：从源启用的音频输入。
- 倒计时声音提示：录制开始前，是否启用倒计时声音提示。
- 预卷与过卷：顾名思义，这两个选项分别用于在实际录制时间之前或之后添加额外时间。

图 3.32　单击【时间轴显示设置】按钮，从弹出菜单中选择【自定义音频头】

图 3.33　【画外音录制设置】对话框

此外，在【时间轴】面板右侧还有一个音频仪表控件，你可以使用它检查麦克风信号是否适合用来录制音频。当你对着麦克风说话时，绿条应该向上延伸到 -6dB 左右，并且不会在红色区域内出现峰值。如果没有看到绿条，请检查音频源和音频输入是否正确连接并启用。如果绿条延伸到红色区域内，请降低进入计算机的音频音量，或者降低操作系统中的输入音量。

（4）单击【关闭】按钮。

3.15.3　开始录制画外音

设置好 Premiere Pro 之后，接下来就可以录制画外音了。

（1）在【时间轴】面板中把播放滑块移动到开始录音的地方。

（2）在【时间轴】面板中确定要把录音放到哪个音频轨道上，然后在该音频轨道左侧的音频头中单击【画外音录制】按钮（图3.34）。

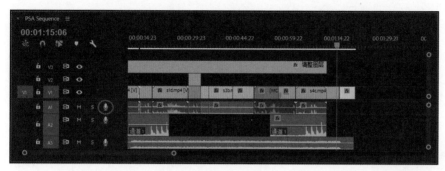

图 3.34 音频头中的【画外音录制】按钮

（3）在指定的时间点上对着麦克风说话。说话的时机不太准确也没关系，我们可以进行后续调整。

（4）录制完毕后，单击【画外音录制】按钮或者按空格键，停止录制。

（5）播放录制好的音频，检查有无问题。

（6）在【项目】面板中找到录制好的音频文件，将其拖入 Audio Clips 素材箱中。

> **提示**
>
> 若在【项目】面板中找不到录制好的音频文件，请使用鼠标右键（Windows）或者按住 Control 键（macOS），在【时间轴】面板中单击音频剪辑，从弹出菜单中选择【在项目中显示】。此时，Premiere Pro 会在【项目】面板或素材箱中选择它并显示出来。

（7）保存项目。

> **提示**
>
> 若画外音音频剪辑的音量太大或太小，你可以使用调整普通音频剪辑的方法调整其音量：向上或向下拖动音量橡皮筋；或者选择音频剪辑，然后从菜单栏中选择【剪辑】>【音频选项】>【音频增益】。

3.16 根据不同要求嵌套序列

★ ACA 考试目标 3.1

视频的展现方式多种多样，不同的展现方式对视频规格有不同的要求。例如，电视机要求的标准长宽比是 16∶9，而许多电影并不使用这种长宽比；有些社交平台则要求上传的视频是 1∶1 的长宽比（方形）。

当你需要把一个视频制作成不同规格时，你并不需要从头开始创建序列。这种情况下，你可以复制序列，然后更改需要改变的部分；还可以把一个序列嵌套到另外一个序列中，然后让容器序列使用不同的规格。嵌套序列时，你可以把被嵌套的序列看作一个素材，将其放进另外一个序列中，就像把一个剪辑放入一个序列中一样。

3.16.1　根据社交平台的要求新建序列

为了修改一个序列（A 序列）的长宽比，你可以把 A 序列拖入另外一个符合要求的序列（B 序列）中，即把它们嵌套在一起。但是，使用这个方法时，我们需要对 A 序列做一些改动，以使其更好地适应新的长宽比。不过，我们最好不要直接修改 A 序列，而是修改其副本。为此，我们首先把 A 序列复制一份，然后根据需要修改其副本。

（1）在【项目】面板的 Sequences 素材箱中选择本章创建的序列，然后从菜单栏中选择【编辑】>【重复】。

（2）单击复制出的序列，将其重命名为 Social Media Draft。

（3）使用前面学过的任意一种方法新建序列。

（4）在【新建序列】对话框中切换到【序列预设】选项卡，展开 Digital SLR 预设组，再展开【1080p】预设组，选择【DSLR 1080p24】。这个预设与创建的序列的规格最接近。

（5）单击【设置】选项卡，在【帧大小】中把【水平】和【垂直】全部改为 600 像素。

（6）在【序列名称】中输入 Social Square，单击【确定】按钮。

（7）若 Social Square 序列不在 Sequences 素材箱中，请将其拖入其中。

3.16.2　把一个序列嵌入另外一个序列中

下面我们开始嵌套序列。

（1）在 Sequences 素材箱中，你可以看到有 Social Media Draft、Social Square 两个序列。

（2）双击 Social Square 序列，将其在【节目监视器】面板与【时间轴】面板中打开。

（3）把 Social Media Draft 序列从 Sequences 素材箱拖入 Social Square

序列的【时间轴】面板中，并将其放到最左侧。若弹出【剪辑不匹配警告】对话框，单击【保持现有设置】按钮。

此时，Social Media Draft 序列被嵌入了 Social Square 序列中，方法与像嵌入剪辑一样。为了使其适应 600 像素 ×600 像素的画面长宽比，我们需要对 Social Media Draft 序列进行缩放（图 3.35）。

图 3.35 把 Social Media Draft 序列像剪辑一样嵌入 Social Square 序列中并进行缩放

（4）在【时间轴】面板中选择 Social Media Draft 序列，在【效果控件】面板中，调整【缩放】比例，使其在垂直方向上填满整个正方形画面，且不会出现黑色区域。

在长宽比为 1∶1 的正方形画面中，原来 16∶9 画面中左右两侧的部分内容看不见了，这是意料之中的事，稍后我们会进行调整。

（5）播放序列，观看视频画面，检查并记录一下有哪些内容没有在正方形画面中正常显示出来。

（6）在【时间轴】面板中打开 Social Media Draft 序列，根据需要做必要的调整，使其适应正方形画面的需要。例如，重新调整或排列视频、图形、字幕的位置等。

（7）调整完成后，再次进入 Social Square 序列，播放序列，检查效果。

在把一个序列（被嵌套序列）嵌套到另外一个序列（容器序列）中后，我们对被嵌套序列所做的任何修改都会在容器序列中体现出来。有些视频剪辑师会利用这个特点来组织长视频项目，他们会把每个动作或场景放入一个单独的序列中，然后把它们嵌套进一个主序列中。

上面的操作完成之后，接下来我们该把 Social Square 序列导出了。至于 Social Media Draft 序列，我们则没必要导出它，但是我们要保留它，因为它是 Social Square 序列不可缺少的一部分。

提示

在【效果控件】面板中，更改【缩放】值的一种更快捷的办法是直接把鼠标指针放到【缩放】值上，然后按住鼠标左键向左或向右拖动。

3.17 使用代理与删除未使用剪辑

★ ACA 考试目标 2.1

★ ACA 考试目标 2.4

★ ACA 考试目标 3.1

第 1 章中讲过，视频编辑对计算机各个部分的性能提出了很高的要求，尤其是 CPU、GPU、存储器。在视频制作中，一个项目用不了多长时间就会变得很复杂。对一个普通计算机来说，如果不事先花时间渲染，它可能会很难流畅地播放序列。在编辑 4K 视频序列时，这些问题会更加突出，编辑 4K 视频需要计算机配备价格高昂的硬件，以便获得超高性能。

为了缓解这个情况，Premiere Pro 允许我们为剪辑创建代理（低码率版本），使用代理可以让序列播放得更加流畅。在视频的编辑过程中，你可以在【节目监视器】面板中切换为代理模式，以实现快速编辑；也可以切换回原始剪辑模式，以获取较高的图像质量。

当视频素材的码率太高，超出了计算机的处理能力时，使用代理非常有必要。除了在高性能计算机上编辑 4K 视频时会经常使用代理之外，在较低性能的计算机上编辑 2K 视频（1080p）时使用代理也非常有用。

即便你在编辑视频过程中使用了代理，但在导出序列时 Premiere Pro 也不会使用代理，而会使用原始的高分辨率剪辑进行导出。

关于代理工作流

你或许不解：一段 2K（1080p）或 4K 视频在智能手机或电视机上只需要一个简单的视频播放器就能实现流畅地播放，但同样的视频为什么在视频编辑软件中要实现流畅播放却困难重重？事实上，如果这段视频是最终成品，那它不论在什么设备上都能轻松实现流畅地播放。但是，如果这段视频被作为素材用在了某个视频项目的制作中，那么视频编辑软件为了确保这段素材视频处于可编辑状态会做大量的处理工作。尤其是当你把视频素材放到轨道上，并对其添加过渡等各种效果时，视频编辑软件需要做大量的运算，才能得到最终结果，你才能看到每个视频帧。

为了缓解这个情况，我们可以使用代理。所谓"代理"就是剪辑的一个副本，它对计算机性能的要求不高，播放它并不会给计算机带来很大的负担。从技术上来看，相比原始剪辑，代理的数据速率（码率）要低得多，在【时间轴】面板中操作起来会更加轻松、便捷。此外，在编辑过程中，代理使用的编解码器也不会对计算机的处理器造成太大的负担。在 Premiere Pro 的帮助下，在视频编辑过程中，我们不仅能够轻松地创建代理，还能轻松地在代理与原始剪辑之间来回切换。

虽然使用代理可以大大减轻计算机的负担，但它也有一个问题：码率越低，画质越差。在安排剪辑顺序时，调整编辑与过渡的时间点，使用代理不会有什么问题。但在细节调整、颜色校正与颜色分级时，还是要使用原始剪辑。在 Premiere Pro 中，我们可以很轻松地从代理切换到原始剪辑。

视频播放过程中，若出现了卡顿，在计算机已经发挥出了最大性能的前提下，你可以尝试使用代理。使用代理播放序列可以有效地减少播放延迟，甚至可以完全做到实时播放。

3.17.1 添加【切换代理】按钮

管理代理的方法与管理项目中其他素材文件的方法一样。你应该知道代理的存储位置，以便在需要时重新链接它们，以及在项目编辑完成后删除它们。

这里我们把代理保存到一个单独的文件夹中，该文件夹与原始剪辑在同一个素材箱中。

（1）在【项目】面板中打开 4K Clip 素材箱，在其中新建一个素材箱。

（2）把新素材箱重命名为 Proxy Clips。

接下来我们使用【按钮编辑器】在【源监视器】面板与【节目监视器】面板中添加一个【切换代理】控件。

（1）在【源监视器】面板中单击【按钮编辑器】按钮。

（2）把【切换代理】按钮拖动到面板的控件区域中（图 3.36），单击【确定】按钮。

图 3.36 添加【切换代理】按钮

本示例中，我们只会用到【源监视器】面板。但是，如果你打算在序列中也使用代理，请在【节目监视器】面板中重新执行步骤（1）与（2），把【切换代理】按钮添加进去。

3.17.2 创建代理

不论你是否已把剪辑导入项目中，你都可以为它们创建代理。下面我们将为一个已经导入项目中的剪辑创建代理。

为项目中的剪辑创建代理的步骤如下。

（1）在【项目】面板中选择剪辑。这里我们选的是 4K Clip 素材箱中的 DJI_0012.MOV 剪辑。

（2）使用鼠标右键（Windows），或者按住 Control 键（macOS），单击所选剪辑，从弹出菜单中选择【代理】>【创建代理】。

（3）在【创建代理】对话框（图 3.37）中，从【格式】下拉列表中选择一种格式，不同格式对应不同预设。

（4）从【预设】下拉列表中选择一种预设。一般而言，帧尺寸越小，代理越小，速度越快。

（5）在【目标】中单击【浏览】，转到之前创建的 Proxy Clips 文件夹下，单击【选择文件夹】按钮。

（6）单击【确定】按钮。此时，Premiere Pro 会把剪辑和创建代理的设置发送到 Adobe Media Encoder 中，Adobe Media Encoder 会在后台渲染代理。不过，这里还是建议你切换到 Adobe Media Encoder 中，确认代理渲染完成后，再返回 Premiere Pro 中继续处理剪辑。

图 3.37 【创建代理】
对话框

　　此外，你还可以在导入剪辑时创建代理，具体做法如下：首先在【媒
体浏览器】面板中选择剪辑，勾选【收录】复选框，单击【打开收录设置】
按钮；在【收录设置】选项卡中，勾选【收录】复选框，从右侧下拉列表
中选择【创建代理】或【复制并创建代理】；然后选择预设与代理保存位置。

3.17.3　使用代理

　　当代理创建完成后，它们会自动链接到项目与原始剪辑，然后你就
可以使用【切换代理】按钮在代理与原始剪辑之间自由地切换了。

　　在项目中使用代理的步骤如下。

　　（1）在 4K Clip 素材箱中双击 DJI_0012.MOV 剪辑，将其在【源监
视器】面板中打开。

　　（2）在【源监视器】面板中播放剪辑，若出现卡顿，则表明 Premiere
Pro 在当前的计算机下难以流畅地播放 4K 剪辑。

　　（3）在控件区域中单击前面添加的【切换代理】按钮（图 3.38）。

图 3.38　高亮显示的
【切换代理】按钮表示
当前正在使用代理

（4）当【切换代理】按钮高亮显示时，Premiere Pro 会激活代理，此时播放应该就非常流畅了。当【切换代理】按钮未高亮显示时，Premiere Pro 会播放原始剪辑，你可能会看到卡顿的画面。

创建代理时，一定要根据自己的计算机选择合适的格式与预设。不然，即便使用代理，也有可能无法实现流畅的编辑与播放。毕竟处理代理也需要计算机做大量运算，如果代理质量太高，照样会给计算机带来很大的压力，对那些性能不怎么高的计算机来说更是如此。至于如何选择合适的格式与预设，则需要你多做些尝试，尝试使用不同的格式与预设，直到找到最适合你的计算机的。计算机的性能越好，代理的帧尺寸越小，码率越低，对编解码器的要求越低。

3.17.4　清理未使用的剪辑

很多时候，有很多剪辑虽然被导入了项目中，但是从来没有使用过，尤其是那些场景的备选镜头。这样的镜头会拍很多，主要用来提高编辑的灵活性。当整个项目编辑完成后，你可以从菜单栏中选择【编辑】>【移除未使用资源】，把备选镜头全部从项目中清除。

请注意，【移除未使用资源】仅会把剪辑从项目中移除，这些剪辑仍然保留在你的存储器中。

3.18　导出多个序列

★ ACA 考试目标 5.1

★ ACA 考试目标 5.2

实际工作中，我们经常需要将同一个序列按不同规格导出为多个版本，例如，分别针对高清电视、网页、智能手机导出不同的版本。在 Premiere Pro 与 Adobe Media Encoder 中，你可以轻松地把同一个序列按不同规格进行导出，导出步骤如下。

（1）在 Sequences 素材箱中选择 PSA sequence 与 Social Square 序列。

（2）从菜单栏中选择【文件】>【导出】>【媒体】。

（3）在【导出设置】对话框中选择一种格式与预设。这里我们选择的是【H.264】与【Vimeo 720HD】。

（4）根据需求修改其他设置，单击【队列】按钮。

Premiere Pro 会把所选序列与导出设置发送到 Adobe Media Encoder 中，两个序列都会被加载到队列之中（图 3.39）。

图 3.39 两个序列被加载到 Adobe Media Encoder 队列中

两个序列都带有警告提示。就 PSA sequence 来说，出现警告提示是因为其帧大小（1920 像素 ×1080 像素）与所选预设的帧大小（1280 像素 ×720 像素）不一致。但这正是我们希望的，因此你可以忽略这个警告提示。

就 Social Square 序列来说，出现警告提示是因为它的帧大小、长宽比都与预设不一样。如果载入了更合适的预设，你可以将其应用到队列中的序列上，但是由于未载入预设，因此我们必须先进行加载。

（5）在【预设浏览器】面板中单击【导入预设】按钮。

（6）转到项目文件夹下的 Presets 文件夹中，选择【Mobile square 600x 600.epr】，单击【打开】，将其加载到 Adobe Media Encoder 中（图 3.40）。

图 3.40 单击【导入预设】按钮，把【Mobile square 600x600】预设加载到【用户预设及组】中

（7）把【Mobile square 600x600】预设从【预设浏览器】面板中拖到队列中的 Social Square 序列上进行应用。

（8）单击每个序列的【输出文件】列，把导出位置设置为 Exports 文件夹。

（9）单击【启动队列】按钮，或者按 Enter 或 Return 键。

（10）渲染完成后，进入 Exports 文件夹，检查序列是否正常导出。

3.19 使用【项目管理器】

编辑好一个项目之后，你可能想把它保存到另外一个存储器中，以便释放其在当前存储器中占用的空间。此时你可以使用【项目管理器】来清理项目，只保留那些必要的文件，这样可以大大节省存储空间。

前面我们提到过【移除未使用资源】命令，相比之下，【项目管理器】的功能更加强大。借助【项目管理器】，你可以移除项目中未使用的剪辑和从各个文件夹中收集所有链接的素材文件并把它们统一放入指定的位置。此外，你还可以使用【项目管理器】对素材文件进行转码，从而把不同格式的素材文件变成统一格式。

【项目管理器】的使用步骤如下。

（1）从菜单栏中选择【文件】>【项目管理】，打开【项目管理器】对话框（图 3.41）。

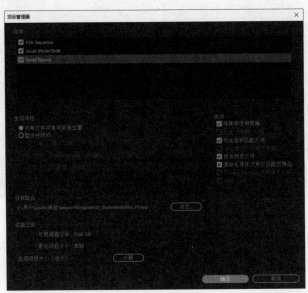

图 3.41 【项目管理器】
对话框

（2）在【序列】中选择要管理的序列。

（3）在【生成项目】中根据需要选择【收集文件并复制到新位置】或者【整合并转码】。选择不同，可用选项也不同。

（4）在【选项】中选择你想应用的选项。如果你不知道怎么选，那么保持默认设置就好。

（5）在【目标路径】中单击【浏览】按钮，选择你想把项目保存到哪个文件夹。

（6）在【磁盘空间】中单击【计算】，查看【原始项目大小】和【生成项目大小】。

若【生成项目大小】比预期大很多，尝试重调一下设置和选项。例如，取消勾选【包含预览文件】复选框，或者选择一种更紧凑的转码格式。

（7）单击【确定】按钮，【项目管理器】开始处理项目。

（8）转到目标文件夹，查看项目是否已正常保存。

3.20　自己动手

请自己动手制作一个多机位序列，它可以是一个像本章一样快节奏的故事，例如一个人赶着去赴约。你也可以制作一个追逐的场景，在两个奔跑的人之间切换。此外，你还可以创建一个由多个摄像机拍摄的演示视频，或者可以从多个角度去录制一场表演。

规划这个项目时，请牢记如下几点。

（1）简短。请记得使用故事板、分镜列表等前期工具来明确拍摄任务。

（2）规划好故事情节，至少包含两个动作场景。

（3）尽可能使用两台摄像机拍摄，以便练习使用 Premiere Pro 中的多机位功能。第二台摄像机你可以使用智能手机代替。

（4）查找或制作与主题相配的音乐。

（5）把最终作品分享给其他人。

本章目标

学习目标

- 应用效果
- 绘制简单的不透明度蒙版
- 使用【超级键】效果抠掉绿幕
- 使用关键帧为效果制作动画
- 添加视频图层

ACA 考试目标

- 考试范围 1.0
  在视频行业中工作
  1.1、1.2

- 考试范围 2.0
  项目设置与界面
  2.1、2.3、2.4、2.5

- 考试范围 4.0
  创建与调整视觉元素
  4.2、4.6

第4章

绿幕合成

本章项目的情节设定：今天我们 Brain Buffet TV 的视频剪辑师外出有事，因此，我们需要你编辑天气预报。在本项目中，我们将把带绿幕的视频素材与天气图片合成在一起。在这个过程中，我们将学习如何抠掉背景，导入分层的 Adobe Photoshop 文件，以及为绿幕打光。整个视频时长大约为 25 秒。

4.1　前期准备

前面讲过，在动手制作项目之前，必须先明确项目需求。本项目需求如下。

★ ACA 考试目标 1.1

★ ACA 考试目标 1.2

- 客户：Brain Buffet TV。
- 受众：Brain Buffet TV 在"退休之家"播出，目标受众是 70 ～ 90 岁的老人，且以女性为主。
- 目的：播放天气预报的目的是让住在养老院的老人知道外出时会遇到的天气。
- 交付要求：视频时长为 20 ～ 30 秒，格式为 H.264 720p；视频画面中有天气预报员、背景地图，以及用于描述天气情况的动态图标；客户还要求准备一个音频文件，以便为有听觉障碍的人士制作一份文字记录；要求音频格式为 MP3，码率为 128Kbit/s。

列出要用到的素材

有些素材文件我们已经准备好了。在使用这些文件之前，需要先解压缩项目文件，然后浏览一下解压缩之后的文件夹中都有哪些文件，如下所示。

- 一个带绿幕的主视频剪辑。
- 一个 PSD 格式的天气地图，其中阳光、温度、雷电图标都在独立的图层上。
- 一个 PSD 格式的电视台台标。
- 一张登山照片。

有了这些素材之后，接下来我们开始创建项目。

4.2　创建项目

★ ACA 考试目标 2.1

★ ACA 考试目标 2.4

★ ACA 考试目标 2.5

制作视频的第一步是创建项目，相关方法前面已经讲过。

（1）新建一个项目，将其命名为 weather report，然后保存到 project4_weatherman 文件夹中。

（2）在【工作区】面板中单击【组件】，进入【组件】工作区。在这个工作区中，你可以看到大大的【项目】面板。

（3）把 weatherReport.mp4 与 hiking.jpg 两个文件导入【项目】面板中，其他文件先暂且不管。

4.2.1　导入 Photoshop 文件

★ ACA 考试目标 4.2

接下来我们导入两个 Photoshop 文件，其导入方法与导入其他文件略有不同。

图 4.1　以【各个图层】方式导入分层的 PSD 文件

（1）导入 weatherMap.psd 文件。

在【导入分层文件】对话框中，列出了 weatherMap.psd 文件中包含的所有图层，并在【导入为】下拉列表中给出了若干种导入方式，你可以根据需要选择【合并所有图层】【合并的图层】和【各个图层】等导入方式。

（2）从【导入为】下拉列表中选择【各个图层】（图 4.1）。

在各个图层左侧都有一个复选框，勾选

复选框，你可以控制导入哪些图层。这里我们希望导入所有图层，所以勾选所有复选框。

（3）单击【确定】按钮。而后，你会在【项目】面板中看到一个与 PSD 文件同名的素材箱，里面包含 PSD 文件中的所有图层（图 4.2）。

制作动画时，分层的 PSD 文件会非常有用，因为你可以分别为每个图层制作动画。相关内容稍后讲解。

（4）导入 BBLogo.psd 文件。

（5）从【导入为】下拉列表中选择【合并所有图层】，把 PSD 文件作为单个图像导入，然后单击【确定】按钮。

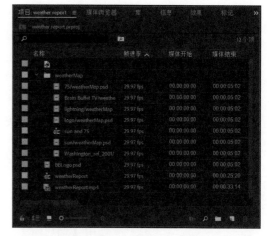

图 4.2 在【项目】面板（列表视图）中被导入一个素材箱中的 weatherMap.psd 文件（包含多个图层）

这里我们之所以把 BBLogo.psd 作为单个图像导入，是因为我们不需要单独使用其中的图层。

4.2.2 使用灰卡校正白平衡

使用前面学过的任意一种方法，基于 weatherReport.mp4 剪辑新建一个序列。

在 weatherReport.mp4 剪辑的开头部分，有一个人拿着一个灰卡，它上面有黑色、白色和灰色。这有什么用呢？首先，你要知道 weatherReport.mp4 剪辑是一个绿幕剪辑，人物的背后是一块绿色幕布，后面我们会把它替换成其他背景。从画面中移除纯色背景的过程称为"色度键合成"（chroma key compositing）或者"抠像"，其中"色度"（chroma）指的就是你想抠掉的那种颜色。

在自然场景下，摄像机会找一些中性色区域作为参考来调整白平衡。在绿幕剪辑中，既没有中性色，也没有自然色。在这种情况下，若把摄像机的白平衡设置为自动白平衡，摄像机就无法准确地判断白平衡应该是多少。在 Premiere Pro 中，使用校色工具（如【快速颜色校正器】）中的白平衡吸管校正平衡时，画面中有一个灰卡会非常方便。灰卡可以为我们提供中性色并作为校正参考。

为什么选择绿色幕布来抠像？因为 Premiere Pro 可以很容易地分离出绿色，并将其从画面中干净地清除，同时又不会意外删除任何你想保留的区域。如果背景是一种自然色（如大地色），Premiere Pro 在执行抠像操作时可能会把一些你想保留的区域也一起抠掉了，例如人物的面部或衣服。

前面提到视频中的灰卡有黑色、白色、灰色 3 种颜色，它们分别代表阴影、高光、中间调。如果应用的【颜色校正】效果中只有一个吸管工具，在使用吸管工具吸色时，最好吸取灰卡中的中灰色或白色。如果应用的校色效果中有 3 个吸管工具，如【快速颜色校正器】（图 4.3），请执行如下步骤操作。

- 使用【白色阶】吸管工具单击灰卡中的白色区域。
- 使用【灰色阶】吸管工具单击灰卡中的中灰色区域。
- 使用【黑色阶】吸管工具单击灰卡中的黑色区域。

图 4.3 【快速颜色校正器】有 3 个吸管工具，分别用于在高光、中间调、阴影区域吸色，以更精确地控制白平衡

4.2.3　拍摄绿幕剪辑

当要被替换的背景有明显的界限时，使用背景替换效果最好，因为我们可以很容易地把它从画面中分离出来。你要替换的背景必须有一致的颜色和一致的照明。

遵照如下建议，可以拍出理想的绿幕剪辑。

- 背景照明均匀。当背景照明不均匀时，可以添加更多的灯光来覆盖更多的背景区域，也可以在灯头前添加柔光设备。

- 确保绿幕干净整洁，不要皱巴巴的。绿幕应该是纯绿色的，不应带有任何花纹、图案或渐变。这很容易办到，例如，你可以购买几卷绿色背景布或背景纸，也可以购买绿色颜料进行粉刷。
- 被拍摄人物与背景之间要有一定的距离。这样可以防止人物影子投到绿幕上，也可以防止绿色反射到人物身上。这样做也能使绿色背景得到较好的虚化，从而让绿色背景上的污渍或皱纹不那么明显。
- 使用主光源和辅助光源照亮主体人物。请注意，这里使用主光源只是为了照亮主体人物，并非为了抠像。
- 添加轮廓光，这有助于把主体人物从背景中分离出来。
- 人物的服饰颜色要与绿色有较大的反差，方便软件把背景颜色与服饰颜色区分开来。

4.3 使用新背景替换绿幕

下面我们把绿色背景抠掉，让后面的天气地图显示出来。

★ ACA 考试目标 2.3

★ ACA 考试目标 4.6

绘制"垃圾蒙版"（garbage matte）

做绿幕合成的第一步是绘制一个不透明度蒙版，又叫"垃圾蒙版"。虽然我们可以直接让 Premiere Pro 根据绿色来抠掉背景，但更好的做法是，先使用不透明度蒙版把剪辑中完全不需要显示的部分去掉，然后让 Premiere Pro 根据绿色抠掉背景。这样做不仅可以减少计算量，还可以把背景干净地去掉。

（1）在【时间轴】面板中把 weatherReport.mp4 剪辑拖动到高层轨道上。例如，你可以把它拖动到 V2 轨道上，这样你就可以把气象图放在其下的 V1 轨道上了。

（2）把气象图（Washington_ref_2001/weatherMap.psd）拖动到 V1 轨道上，并使其靠左端对齐。

（3）使用比率拉伸工具，把 Washington_ref_2001/weatherMap.psd 的持续时间调整到与 weatherReport.mp4 一样（图 4.4）。这里需要使用比率

拉伸工具是因为 Premiere Pro 会把 PSD 文件看成一个视频剪辑，而不是静止的图像。

图 4.4 把气象图放在正确的位置上并调整其持续时间

（4）在【时间轴】面板中确保 weatherReport.mp4 处于选中状态。

（5）播放序列，观察天气预报员乔在解说期间最远把手放在了什么地方。

（6）在【效果控件】面板中展开【不透明度】效果。

（7）选择自由绘制贝塞尔曲线工具（图 4.5）。

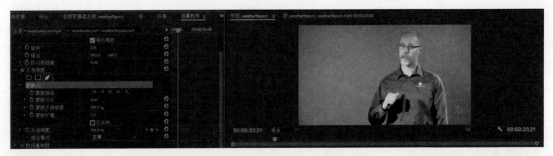

图 4.5 在【效果控件】面板中选择自由绘制贝塞尔曲线工具，并将其移动到【节目监视器】面板上

（8）在【节目监视器】面板中围绕着乔绘制蒙版，注意要把乔的手也包含在蒙版里面（图 4.6）。

图 4.6 绘制不透明度蒙版

提示

如果你使用过其他 Adobe 软件（如 Adobe Illustrator 或 Adobe Photoshop）中的钢笔工具，那你一定能轻松使用 Premiere Pro 中的自由绘制贝塞尔曲线工具。

绘制蒙版时，不用绘制得太精确，要在蒙版路径与人物轮廓之间保持一定的间隔，并且单击时，一定要在绿色区域内单击，不要在人物身上单击，也不要让蒙版路径穿过人物。

（9）单击第一个锚点，以封闭路径。

蒙版路径封闭后，其外部区域会变透明（图4.7）。

（10）播放序列，查看人物的手是否伸到了蒙版之外。

（11）若需要移动锚点或对路径做其他调整，请使用选择工具调整蒙版路径上的各个锚点。如果你需要把某个锚点移动到画面之外，请先把画面缩小，以便看到那些位于画面外的锚点。

图4.7 绘制好的不透明度蒙版路径

（12）在蒙版路径中，如果你想把某条直线段转换成曲线，可以按住 Alt 键（Windows）或 Option 键（macOS），然后拖动某个锚点，此时在这个锚点上会出现控制手柄，拖动控制手柄把直线段调整成各种曲线形状（图4.8）。

图4.8 拖动贝塞尔曲线控制手柄调整曲线形状

抠出绿色背景

"垃圾蒙版"绘制好之后，接下来我们就可以使用【超级键】效果把绿色背景分离出来，并将其移除。

（1）在【效果】面板中通过搜索框，找到【超级键】效果。然后将其从【效果】面板拖动到【时间轴】面板中的 weatherReport.mp4 剪辑上。

（2）在【效果控件】面板中找到【超级键】效果，单击【主要颜色】右侧的吸管图标（图4.9）。

（3）在【节目监视器】面板中，单击画面中的绿色区域以吸取绿色。

吸取的绿色就是【超级键】要抠除的颜色。吸取绿色之后，你可以看到原来的绿色区域不见了，变成了透明的（图4.10）。

（4）在【效果控件】面板中，在【超级键】效果下单击【输出】，从下拉列表中选择【Alpha 通道】，以黑白灰的方式显示【超级键】效果创建的蒙版，方便观察颜色抠除得是否干净（图 4.11）。

图 4.10 使用主要颜色吸管工具吸取绿色之前与之后

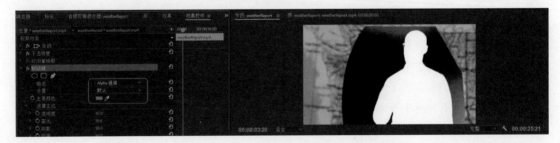

图 4.11 选择【Alpha 通道】之后

你可以使用下面这句口诀来理解 Alpha 通道："白露，黑藏。"白色
蒙版区域剪辑会显示出来，它代表的是不透明区域；黑色蒙版区域代表
的是透明区域，这个区域中的内容不会显示出来。灰色区域是半透明区
域。深灰色区域中大部分是透明的，但仍然会显示出部分剪辑。

（5）播放序列，检查蒙版在整个序列上是否准确无误。

（6）若蒙版存在应该全黑但没有全黑的区域，请在【效果控件】面板的【超级键】效果下单击【设置】，尝试从下拉列表中选择各个选项，找出效果最好的那个选项。每个选项都是【主要颜色】下高级设置项的一套预设（图4.12），展开高级设置项，当你在【设置】中选择不同的预设时，各个高级设置项也会发生相应的变化。

提示

出现绿色溢出现象时，你可以使用【超级键】效果下的【遮罩清除】功能来解决，其中的【抑制】与【柔化】最常用。

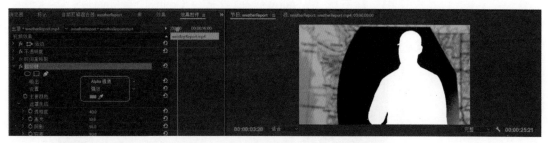

图 4.12　在【设置】中选择不同预设，高级设置项中的各个值会发生相应的变化

影响蒙版的一个常见原因是绿色背景上的光照不均匀。

如果你乐于尝试，或者熟练掌握了抠像技术，那你可以展开【遮罩生成】【遮罩清除】【溢出抑制】和【颜色校正】4个设置项，尝试做不同的调整。当然，如果你不想这么麻烦，可以重复步骤（3）～（5），吸取不同区域中的颜色调整蒙版，直到获得满意的蒙版。

提示

播放序列时，最好把低层轨道上的内容隐藏，以便在黑色背景上检查蒙版有无问题。

（7）播放序列，检查蒙版在整个序列上是否有问题。若有，请重复第（6）步。

（8）在【效果控件】面板中，在【超级键】效果下单击【输出】，从下拉列表中选择【合成】。

此时，你看到的是两个轨道合并在上层轨道上并应用蒙版之后的最终合成结果。

（9）播放序列，检查抠像是否有问题。着重检查抠像区域是否干净和人物身上是否残留有绿色。

4.4　添加其他图形并制作动画

把人物与气象图合成之后，接下来我们再向画面中添加一些其他图

★ ACA 考试目标 2.4

形，进一步丰富画面的视觉效果。

4.4.1 添加轨道

添加图形时，我们要把图形添加到单独的轨道上。若当前序列中没有空白轨道可用，则我们需要先添加轨道。

使用鼠标右键（Windows）或者按住 Control 键（macOS），在最高层的视频剪辑的左侧区域中单击，从弹出菜单中选择【添加单个轨道】（图 4.13），Premiere Pro 会在单击的那个轨道上方添加一个视频轨道。

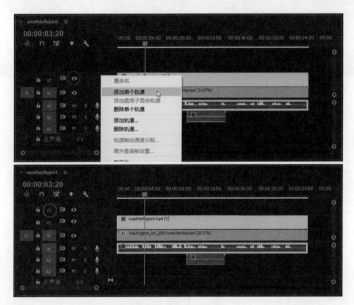

图 4.13 添加单个轨道

4.4.2 添加动态标志

接下来我们添加 Brain Buffet 公司的标志，使其从画面左下角旋转进入画面，然后在画面的右下角停下来。

（1）在【项目】面板中打开 weatherMap 素材箱，把 BBLogo.psd 拖动到最高层的一个空白轨道上，并使其靠在最左边。

（2）使用比率拉伸工具向右拖拉 BBLogo.psd 剪辑的右端，使其持续时间与整个序列一致。

（3）使用下面任意一种方法，选择公司标志调整其大小，然后将其停在画面右下角。

- 在【节目监视器】面板中双击公司标志，将其拖动到画面右下角，并拖动控制点调整大小。调整时，请小心，不要意外拖动了锚点。
- 在【效果控件】面板中展开【运动】效果，勾选【等比缩放】复选框，拖动更改【位置】与【缩放】值。

（4）在【效果控件】面板中把【不透明度】值调整为 70% 左右，使公司标志半透明（图 4.14）。

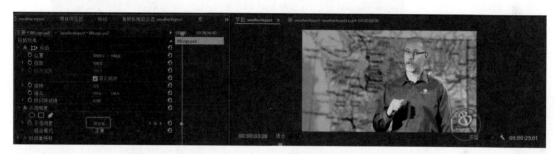

图 4.14 调整 Brain Buffet 公司标志的不透明度

（5）把播放滑块移动到标志停在画面右下角的时刻，即人物刚说完"Welcome to Brain Buffet TV"之后。

（6）在【效果控件】面板中单击【位置】与【旋转】属性左侧的秒表图标，在当前时间点上添加位置与旋转关键帧（图 4.15）。

图 4.15 在当前播放滑块所在的位置添加位置与旋转关键帧

（7）在【时间轴】面板中把播放滑块移动到人物开始说"Welcome to Brain Buffet TV"的地方。

（8）在【节目监视器】面板中，若标志处于未选择状态，则双击它，然后按住 Shift 键将其往左拖动，使其位于画面之外，这是标志的起点。

（9）在标志仍处于选择的状态下，在【效果控件】面板中向左拖动【旋转】值，即沿逆时针方向旋转标志，当旋转角度约为 -360° 时，停止旋转（图 4.16）。

图 4.16 拖动蓝色数值改变旋转角度

由于【位置】与【旋转】的【切换动画】（秒表图标）功能处于开启状态，因此 Premiere Pro 会自动在当前播放滑块所在的位置添加关键帧。

（10）公司标志不应该突然停下来，而应该缓慢停下来。为此，按住鼠标右键（Windows）或者按住 Control 键（macOS），单击第二个位置关键帧，从弹出菜单中选择【时间插值】>【缓入】（图 4.17）。

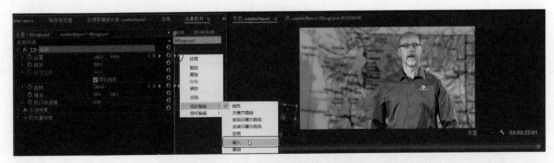

图 4.17 在运动末尾应用【缓入】效果

（11）播放序列，检查公司标志的运动与旋转是否符合要求，并根据需要做适当的调整。

在为【旋转】属性指定角度值时，360°是沿顺时针方向旋转一圈，−360°是沿逆时针方向旋转一圈。不管是顺时针还是逆时针旋转，若需要旋转多圈，输入的角度值都可以大于360°。例如沿顺时针方向旋转380°，记作1x+20.0°；沿逆时针方向旋转两圈又231°，记作−2x−231.0°。

4.4.3 向画面中添加天气图标

在气象图上添加好天气播报员和台标后，接下来我们还要在画面中添加一些天气图标（闪电、太阳），以配合天气播报员的解说。为了组织好这些天气图标，我们首先创建一个序列，然后把天气图标放入里面。

（1）在【项目】面板的 weatherMap 素材箱中，基于 sun/weatherMap.psd 文件新建一个序列。

（2）把新创建的序列重命名为 sun and 75。

（3）从 weatherMap 素材箱中把 75/weatherMap.psd 文件拖入【时间轴】面板中的 V2 轨道上。此时，在【节目监视器】面板中，你会看到数字 75 出现在太阳下方（图 4.18）。

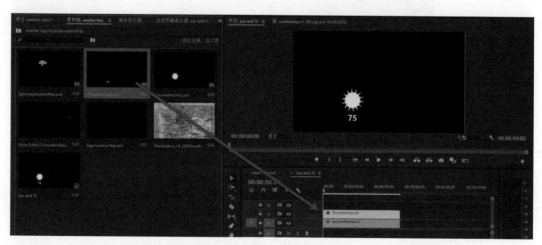

图 4.18　在太阳图标下添加温度数字

（4）在【时间轴】面板中单击【weatherReport】选项卡，将其激活。

（5）播放 weatherReport 序列，找到人物开始说 "sunshine and 75 degrees" 的时刻，并把播放滑块移动到此处，把上面刚创建的序列添加到这个位置。

（6）从 weatherMap 素材箱中把 sun and 75 序列拖动到【时间轴】面板的最高层轨道之上的空白区域中，并使其左端对齐到播放滑块（图 4.19）。

图 4.19 嵌套在 weatherReport 序列中的 sun and 75 序列

当把一个剪辑拖动到【时间轴】面板中最高层轨道上方的空白区域中时，Premiere Pro 会自动为拖动的剪辑添加一个轨道，我们不需要再执行【添加单个轨道】命令来提前添加一个轨道。

（7）在 sun and 75 的开头和末尾添加【交叉溶解】视频过渡，实现淡入与淡出效果。

（8）播放 weatherReport 序列，找到人物开始说 "thunder and lightning" 的地方，并把播放滑块移动到此处，在这个地方添加闪电图标。

（9）从 weatherMap 素材箱中把 lightning/weatherMap.psd 拖动到【时间轴】面板中最高层轨道之上的空白区域中，并使其左端对齐到播放滑块。

（10）在 lightning/weatherMap.psd 处于选择的状态下，在【效果控件】面板的【运动】效果下修改【位置】值，使闪电图标恰好出现在人物捏起的手指上方（图 4.20）。修改【位置】值是调整剪辑位置的另外一种方法。

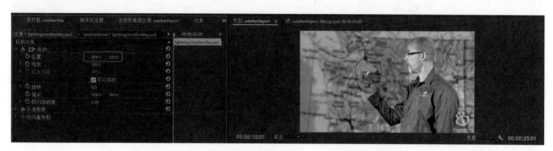

图 4.20 调整闪电图标的位置

（11）为闪电图标制作动画，使其随着人物的下拉动作自上而下地滑入画面中。

前面我们为 Brain Buffet 公司的标志制作了动画，这里你可以使用类似的技术为闪电图标制作动画，即在【效果控件】面板中，在动画的开始与结束处设置位置与旋转关键帧，只是这次的主要运动是沿着 y 轴发生的。

（12）播放 weatherReport 序列，找到人物开始说 "camping" 的地方，并把播放滑块移动到此处，在这个地方放置徒步图片。

（13）从【项目】面板中把 hiking.jpg 文件拖动至顶层轨道上。

（14）重新调整 hiking.jpg 的大小与位置，使其出现在人物的手上。

（15）在【效果】面板中找到【投影】视频效果（该效果位于【视频效果】>【透视】效果组下），并将其拖动到【时间轴】面板中的 hiking.jpg 上。

（16）在【效果控件】面板中不断调整【投影】效果的各项设置，直到获得满意的投影效果（图 4.21）。

（17）播放 weatherReport 序列，检查有无问题。

提示

相比前面的序列，weatherReport 序列中包含了更多的轨道与效果，这会为计算机的处理器带来更多的工作量。如果出现播放卡顿现象，请从【选择回放分辨率】下拉列表中选择一个更低的分辨率，如 1/2。

提示

在拖动更改某个属性的值时，若觉得变化量太小，则可以在拖动的同时按住 Shift 键，增大属性值的变化量。

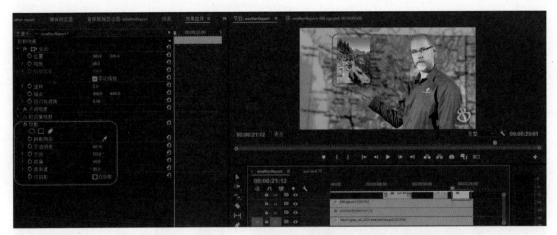

图 4.21 在【效果控件】面板中调整【投影】效果的各项设置

若此时你尚未删除视频开头有灰卡的片段，请把播放滑块移动到人物说"Welcome to Brain Buffet TV"之前，然后设置一个序列入点，再在人物解说完天气之后添加一个序列出点。

4.5 导出视频与音频

在序列处理完毕之后，接下来我们使用【H.264 YouTube 720 HD】预设将其导出为适合网络传输的格式，以方便为收看"退休之家"的老人们播放。在第 2 章中，我们就讲解过如何把一个序列导出到 Adobe Media Encoder 队列中进行渲染。对于本示例项目，在单击【渲染】按钮之前，请记住，其中有一个交付格式是 MP3 音频文件，这个文件将用来为有听力障碍的人士制作文字脚本。在 Adobe Media Encoder 中，我们可以轻松地为同一个序列创建音频文件，不需要从 Premiere Pro 中导出两次。

执行如下步骤导出 MP3 音频文件。

（1）在 Adobe Media Encoder 中选择从 Premiere Pro 导出的 weatherReport 序列，单击【重制】按钮（图 4.22）。

（2）在【预设浏览器】面板中展开【系统预设】下拉列表，然后展开【仅音频】下拉列表。

（3）把【MP3 128kbps】预设从【预设浏览器】面板中拖动到刚刚复

制出的新序列上（图 4.23）。此时，新序列的【格式】与【预设】都发生
了变化，这表明新设置应用成功。

图 4.22 重制 weatherReport
序列

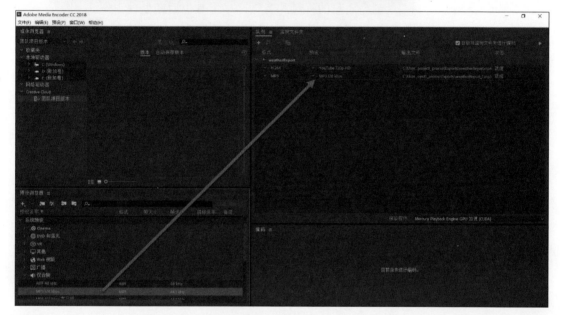

图 4.23 把一个预设拖动到一个序列之上

（4）单击【队列】面板右上角的【启动队列】按钮（绿色按钮），
Adobe Media Encoder 将处理队列中的序列，为序列生成 H.264 视频与
MP3 音频。

4.6 自己动手：创建合成视频

请你自己动手制作一个合成视频，你可以根据需要灵活地添加各种
特效。

规划你的项目时，请牢记如下几点。

注意

当你在 Premiere Pro
中修改原始序列时，
Adobe Media Encoder
队列中的待渲染序列
不会随之更新。如果
你想渲染修改之后的
序列，请再次将它
们从 Premiere Pro 导入
Adobe Media Encoder。

- 简短。时长大约为 30 ～ 60 秒。
- 认真挑选背景素材，可以是你居住的城市、异国他乡的照片或视频，甚至可以是另一个星球的图片或视频。
- 确定要删除的背景，可以是一张大纸，也可以是一面墙，只要它的颜色区分性强，不会与你想保留的内容中的任何颜色相混就行了。
- 录制高质量的视频和音频，尽量减少后期处理工作。
- 取景时放大人物，例如拍摄人物腰部以上的部分，方便抠像。
- 设计好演员的台词和做动作的时机，使其与你想要合成到场景中的其他元素相协调。
- 使用灰卡校准摄像机的白平衡。
- 遵守本章前面关于照明和拍摄绿幕剪辑的指导原则。

4.7　小结

本章我们主要学习了如何把实拍视频、背景素材、数字图形结合起来，创建出真实自然的视觉画面。掌握了这些知识与技术之后，你就可以尽情地发挥想象力，创造出令人赏心悦目的视频作品。

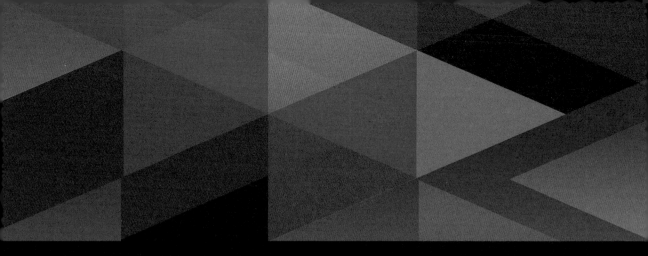

本章目标

学习目标

- 回顾文件管理与项目组织的方法
- 组织文件
- 打开与保存项目
- 创建序列
- 为导入多张静态图像设置首选项
- 使用标记
- 使用序列自动化功能加快序列的创建速度
- 使用 Adobe Media Encoder 导出多个版本

ACA 考试目标

- 考试范围 1.0
  在视频行业中工作
  1.1、1.4

- 考试范围 2.0
  项目设置与界面
  2.1、2.3、2.4

- 考试范围 3.0
  组织视频项目
  3.1

- 考试范围 4.0
  创建与调整视觉元素
  4.5、4.6

- 考试范围 5.0
  发布数字作品
  5.1、5.2

第 5 章

制作幻灯片展示视频

Brain Buffet 公司经常接到一些同类型的视频制作委托：为逝者制作纪念视频，即根据逝者的家人和朋友提供的照片，为逝者制作一个简短的纪念视频。借助 Premiere Pro 提供的工具，我们可以很快地把多张静态图片制作成视频，并添加上音乐和动态效果。本项目制作完成后，我们会得到一段动态播放的幻灯片展示视频，讲述逝者的生前故事，以此纪念逝者。

5.1　前期准备

在动手制作项目之前，我们必须先明确项目需求。本项目需求如下。

- 目标受众：逝者的家人与朋友，年龄介于 10 ～ 80 岁。
- 目标：纪念最近去世的一位逝者。
- 交付要求：客户要求视频时长大约 1 ～ 3 分钟，配音乐；两个版本，一个版本用来方便在网络上传送，另一个版本用来在追悼会上用计算机播放，要求画质高。

制作本项目所需要的逝者照片和背景音乐都已经准备好了，你可以在本课的课程文件夹中找到它们。

★ ACA 考试目标 1.1
★ ACA 考试目标 1.4

5.2　设置首选项

本项目是制作一个幻灯片展示视频，制作时会用到很多张照片。为方便起见，我们最好为所有照片设置一个默认的持续时间。本项目中，我们要求每张照片的展示时长为 4 秒。为此，我们只需要打开 Premiere

★ ACA 考试目标 2.1
★ ACA 考试目标 2.4

Pro 的【首选项】对话框，然后把【静止图像默认持续时间】设置为 4 秒即可。

（1）打开【首选项】对话框，进入【时间轴】面板。

（2）在【静止图像默认持续时间】中选择【秒】，输入 4（图 5.1）。

（3）单击【确定】按钮。

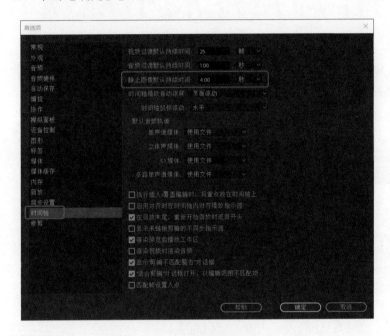

图 5.1 设置【静止图像默认持续时间】为 4 秒

使用前面学习的任意一种方法创建项目。

（1）解压缩本课的项目文件，把它们保存到本课的项目文件夹中。

（2）新建一个项目，设置项目名称为 Memorial。

（3）把项目保存到本课的项目文件夹中。

（4）切换到一个能显示出【项目】面板的工作区下，例如【组件】工作区。

本项目用到的所有图片都在同一个文件夹中，你可以很容易地把它们一次性导入项目中。使用前面学过的任意一种导入方法，把 Video Clips 文件夹导入 Memorial 项目中。当我们导入一个文件夹（非单个文件）时，Premiere Pro 会把这个文件夹以素材箱的形式添加到【项目】面板中。

把 Memorial.wav 文件导入【项目】面板中，注意不要导入 Video Clips 素材箱中。Memorial.wav 是本项目的音乐文件。

5.3 基于多个文件快速创建序列

本项目用到的所有图片都在 Video Clips 素材箱中，共有 50 张图片。若把图片逐张拖入【时间轴】面板，再调整它们的持续时间并在各个剪辑之间添加过渡效果，这会花费很长时间。为了解决这个问题，Premiere Pro 提供了多种方法，以帮助我们把多个剪辑快速添加到【时间轴】面板中并应用过渡效果。

★ ACA 考试目标 2.1
★ ACA 考试目标 2.3
★ ACA 考试目标 3.1

5.3.1 基于预设创建序列

到目前为止，我们新建序列都是基于某个源视频剪辑进行的。但是，对本项目而言，这个方法行不通，因为本项目中使用的素材只包含图片与音频两种，而不包含任何视频素材。因此，我们需要从零开始新建序列，并指定序列都使用哪些设置。

（1）使用前面学过的任意一种方法新建一个序列。

（2）在【新建序列】对话框中，设置【序列名称】为 Memorial Slide Show，暂时先不要单击【确定】按钮。

本项目的交付要求是制作一个高质量的视频，保证视频在计算机上播放时有很高的画质。根据这个要求，我们要从可用的预设中选择一个最接近该要求的预设。

（3）在【可用预设】列表中，展开【Digital SLR】，再展开【1080p】，选择【DSLR 1080p30】（图 5.2）。

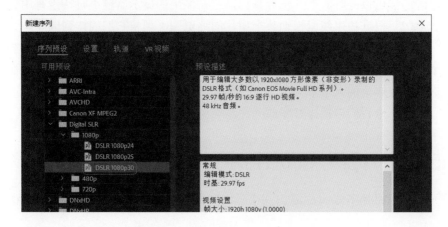

图 5.2 选择一个预设以指定序列设置

【DSLR 1080p30】预设使用的是较为流行的高清格式（帧大小是 1920 像素 ×1080 像素，逐行扫描），帧速率是 30 帧 / 秒。

（4）单击【确定】按钮。

接下来添加音乐文件，并确定视频时长。

（5）把 Memorial.wav 音乐文件添加到【时间轴】面板中的 A1 音频轨道上，使其位于序列的最左端。

本项目需要用到两个序列副本，接下来我们复制一下。

（6）在【项目】面板中选择 Memorial Slide Show 序列，然后从菜单栏中依次选择【编辑】>【重复】。

（7）单击副本文件名称，将其修改为 Markers。稍后我们会用到这个序列。

接下来我们尝试使用两种把剪辑添加到序列的方法，在效率上，这两种方法都比逐个添加并编辑各个剪辑要快很多。这里我们虽然使用图片学习这些方法，但其实它们同样也适用于视频。

5.3.2 剪辑排序

为了节省时间，你可以把【项目】面板或素材箱当作故事板使用，在把多个剪辑添加到序列中之前先排好顺序。

（1）把鼠标指针放到【项目】面板或打开的素材箱（该素材箱中包含待排序的素材）上，按键盘左上角的波浪线键把面板最大化。

这一步操作不是必需的，但是把面板最大化之后，在对素材进行排序时，你可以同时看到大部分素材，这在使用的显示器较小时特别有用。

（2）根据故事线索拖动各个图片的缩览图，调整它们的排列顺序。

（3）排好序之后，把鼠标指针放到【项目】面板或打开的素材箱（这个素材箱中包含已经排好序的素材）上，按键盘左上角的波浪线键把面板恢复成原来的大小。

接下来我们该把排好序的照片添加到序列中了。

5.3.3 把照片添加到序列中

我们将把多张照片添加到【时间轴】面板中，并且使每张照片的起点之间保持相同的间隔。本项目中，间隔时间指的就是前面我们在【首选项】对话框中设置的【静止图像默认持续时间】。

（1）确保 Memorial Slide Show 序列在【时间轴】面板中处于活动状态，并把播放滑块拖动到序列的起始位置。

（2）在【项目】面板组中确保 Video Clips 素材箱处于活动状态，然后从菜单栏中选择【编辑】>【全选】。

（3）单击面板底部的【自动匹配序列】按钮。

（4）在【序列自动化】对话框中进行如下设置（图5.3）。

- 单击【顺序】，从下拉列表中选择【排序】。
- 单击【放置】，从下拉列表中选择【按顺序】。
- 把【剪辑重叠】设置为 30 帧，以确保有足够的重叠可以应用过渡效果。
- 在【转换】选项组中勾选【应用默认视频过渡】复选框。

图 5.3　在【序列自动化】对话框中做各种设置

（5）单击【确定】按钮。

此时，Premiere Pro 会把你选择的所有照片按照排列顺序添加到序列中，其中每张照片的显示时间就是你在【首选项】对话框中指定的【静止图像默认持续时间】，同时在各个照片之间应用了默认过渡效果。这一切都在瞬间完成，不会像手动操作那样既费时又费力。

接着你就可以使用前面章节中学过的各种编辑技术来编辑各个剪辑与过渡效果了。

如果你想把序列中的某个剪辑 A 替换成另外一个剪辑 B，请执行如下操作。

（1）在【项目】面板或素材箱中选择一个剪辑，该剪辑为 B。

（2）在【时间轴】面板中选择你想替换的剪辑，该剪辑为 A。

（3）从菜单栏中选择【剪辑】>【替换为剪辑】>【从素材箱】。

5.3.4　使用标记把照片添加到序列中

在使用【自动匹配序列】功能把多张照片添加到序列中时，你可以

> **提示**
>
> 如果你想更改应用在剪辑之间的默认过渡效果，请在执行上面这些步骤之前先更改默认过渡效果。具体做法是：在【效果】面板中展开【视频过渡】，然后使用鼠标右键（Windows）或按住 Control 键（macOS）单击某个过渡效果，从弹出菜单中选择【将所选过渡设置为默认过渡】。

> **提示**
>
> 在【时间轴】面板中，使用鼠标右键或按住 Control 键单击一张照片，从弹出菜单中选择【使用剪辑替换】>【从素材箱】，可以把当前选择的照片替换成素材箱中选择的照片。

使用标记更准确地控制照片的添加位置。例如，如果你想让照片在播放时跟上音乐的节奏，那你可以在音乐的关键时间点上添加序列标记，然后根据这些标记确定照片的添加位置。

（1）前面我们曾经创建过 Memorial Slide Show 序列的副本——Markers 序列，找到并打开它。

（2）把播放滑块移动到时间标尺的最左侧，然后按 M 键添加一个标记。

（3）把一根手指放在 M 键上，方便在播放过程中能随时按 M 键。

（4）播放序列。

（5）听音乐的过程中，当听到放置照片的地方时，按 M 键添加一个标记。

（6）不断添加标记，直到音乐全部播放完毕（图 5.4）。如果你觉得有些时间点错过了，可以再次播放序列找到这些时间点，然后添加标记。

虽然【时间轴】面板和【节目监视器】面板中都有一个【添加标记】按钮，但是相比之下，使用快捷键 M 键添加标记会更快捷。

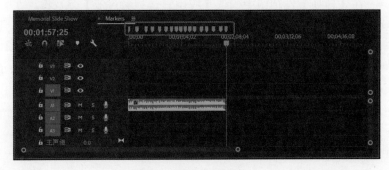

图 5.4 边听音乐边添加标记

（7）若有些标记位置不太准确，你可以直接使用鼠标指针向左或向右拖动各个标记，将它们放置到准确的位置上。

接下来我们该向序列中添加照片了。

（8）在【时间轴】面板中确保 Markers 序列当前处于活动状态，并将播放滑块移动到序列的起始位置。

（9）在【项目】面板组中确保 Video Clips 素材箱当前处于活动状态，然后从菜单栏中选择【编辑】>【全选】。

（10）单击【素材箱】面板底部的【自动匹配序列】按钮。

（11）在【序列自动化】对话框中进行如下设置（图 5.5）。

- 单击【顺序】，从下拉列表中选择【排序】。
- 单击【放置】，从下拉列表中选择【在未编号标记】。

此时，有很多其他选项都不可用，只有在【放置】下拉列表中选择了【按顺序】，这些选项才可用。

（12）单击【确定】按钮。

此时，Premiere Pro 会把你选择的所有照片按照排列顺序添加到序列中，其中每张照片的显示时间就是你在【首选项】对话框中指定的【静止图像默认持续时间】。每个照片剪辑都会被添加到序列上的一个可用的无编号标记上。

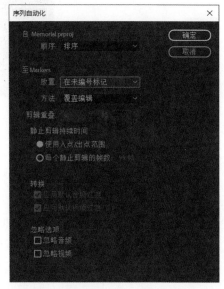

图 5.5 在【序列自动化】对话框中做设置

添加完成后，你会发现某些照片之间存在空隙。如果你在【首选项】对话框中设置的【静止图像默认持续时间】短于两个标记之间的间隔时间，两张照片之间就会出现空隙。此时，你可以使用选择工具拖动照片的一端，增加照片的持续时间，使其对齐到相邻的照片剪辑上，这样就可以把空隙填充上了。

5.3.5 在照片之间添加默认过渡

（1）按向下箭头键转到下一个编辑点。

（2）按 Ctrl+D（Windows）或 Command+D（macOS）快捷键应用视频过渡。

Ctrl+D（Windows）或 Command+D（macOS）是【序列】>【应用视频过渡】菜单命令的快捷键。学习 Premiere Pro 时，使用菜单命令会很方便，但是在实际工作中，使用快捷键会更便捷。只需把手放在键盘上，先按向下箭头键跳转到下一个编辑点，然后按 Ctrl+D（Windows）或 Command+D（macOS）快捷键快速应用视频过渡即可，这比多次执行菜单命令要方便快捷得多。

（3）重复第（1）与第（2）步，为其他编辑点添加默认过渡（图 5.6）（如果你想回到前一个编辑点，请按向上箭头键）。

提示

选择添加到轨道上的所有照片，从菜单栏中选择【序列】>【应用默认过渡到选择项】，可以把默认过渡应用到所有选择的照片之间。一定要认真检查每个编辑点，存在空隙的地方将无法应用过渡效果。

图 5.6　在各个编辑点上添加默认过渡

提示

双击某个标记，可以
在打开的【标记】对
话框中为标记添加文
本注释。

5.4　添加 Ken Burns 效果

★ ACA 考试目标 4.5

★ ACA 考试目标 4.6

Ken Burns 效果是视频制作中使用的一种平移和缩放静态图片的特效，可使人感觉摄像机似乎在放大或缩小照片，非常具有动感。这个效果是以纪录片导演肯·伯恩斯的名字命名的。伯恩斯不是这个效果的首创者，但人们注意到，在他的历史纪录片中，他经常使用这种效果来处理老照片和文物，于是就用他的名字命名了这种效果。

在你知道了 Ken Burns 效果就是对静态图片进行平移和缩放操作之后，相信你已经猜到了如何在 Premiere Pro 中轻松实现这种效果。只需在【时间轴】面板中选择剪辑或静态图片，然后在【效果控件】面板中的【运动】效果下为【位置】与【缩放】属性添加关键帧，即可实现平移与缩放效果（图 5.7），该方法我们已经在前面章节中讲解过。

在 Markers 序列中选择一些照片，用来制作 Ken Burns 风格的平移和缩放效果。制作过程中，请注意如下几点。

- 制作平移效果时，如果你想让摄像机沿着直线移动，只需要在【位置】属性上添加两个关键帧即可。如果你想让摄像机在不同方向上移动，则需要添加更多个关键帧。
- 缩放照片时，通常只需要在【缩放】属性上添加两个关键帧即可。
- 若无特殊要求，请尽量避免【缩放】与【位置】属性值的突然改变。
- 使用鼠标右键（Windows）或者按住 Control 键（macOS）单击关键帧，从弹出菜单中选择【时间插值】可以实现速度的平滑变化。【缓入】与【缓出】命令可以让停止与开始变得很平滑。【空间插值】命令可以帮助你实现位置的平滑变化。

图 5.7 视频画面中，先显示把包裹交给老兵的场景，再平移到老兵头部，使其靠近画面中心；然后放大画面，特写老兵的面部表情。在【效果控件】面板中，你可以看到添加的关键帧

- 如果你想把图片放大到很大，在选用图片时，请保证图片的尺寸远大于视频帧的尺寸。例如，在一个 1920 像素 ×1080 像素的视频中，如果你想把某帧的画面放大，为了确保画面在放大后仍然是清晰的，在为这个帧选择图片时，应该确保图片的长度与宽度分别是帧长度与宽度的两倍，即 3840 像素 ×2160 像素。这样才能在放大画面后仍然有丰富的细节。

提示

不论是视频、静态图像，还是音频，它们的属性和效果都是可以复制粘贴的。

如果你想为多张照片应用类似的运动效果，可以先复制粘贴这个运动效果，然后以此为基础做相应的调整与改动。

（1）为第一张照片应用运动效果。

（2）在第一张照片仍处于选择的状态下，从菜单栏中选择【编辑】>【复制】。

（3）选择另外一张照片，从菜单栏中选择【编辑】>【粘贴属性】。

（4）在【粘贴属性】对话框中勾选【视频属性】下的【运动】复选框（图 5.8），单击【确定】按钮。

（5）根据需要修改复制的【运动】效果。

图 5.8 在【视频属性】下勾选【运动】复选框

5.5 使用 Adobe Media Encoder 导出多个版本

★ ACA 考试目标 5.1

★ ACA 考试目标 5.2

根据本项目的交付要求，我们需要将制作好的视频作品导出为两个版本：一个版本用来实现在网络上快速传送；另一个版本用来在追悼会上用计算机播放，要求画质高。而且，你还需要以两种格式提供序列的两种版本。但是，在导出视频时，我们其实并不需要从 Premiere Pro 中导出 4 次，因为我们可以使用 Adobe Media Encoder 来导出视频，这个工具我们在第 1 章中就提到过。

首先我们应在 Premiere Pro 中做导出设置。第一次导出使用与序列一样的设置，以便生成高画质版本。

（1）打开 Memorial Slide Show 序列。

（2）从菜单栏中选择【文件】>【导出】>【媒体】。

（3）在【导出设置】对话框中，从【格式】下拉列表中选择【H.264】。

（4）单击【预设】，从下拉列表中选择【匹配源 - 高比特率】。

（5）在【视频】选项卡中单击【比特率编码】，从下拉列表中选择【VBR，2 次】（图 5.9）。

图 5.9 自定义导出设置

相比【VBR，1 次】，【VBR，2 次】可以在同等文件大小的情况下生成更高质量的视频。为了制作出高质量的幻灯片视频，我们选择【VBR，2 次】。不过，选择【VBR，2 次】会大大增加计算机的处理时间。

如果你找不到【比特率编码】选项，请先检查一下当前是否是在【视频】选项卡下。【比特率编码】选项位于【视频】选项卡底部，因此需要放大【导出设置】窗口或者向下拖动【视频】选项卡中的滚动条，才能找到它。

（6）单击【输出名称】右侧的蓝色文字，在【另存为】对话框中指定保存位置与文件名称。设置文件名称时，建议你在最后加上"HQ"，表示你导出的是高质量版本。

由于要将序列导出为多个版本，因此在导出之前，我们有必要先想一想把这些版本的序列保存在什么地方和为它们起什么样的名字，以便你能轻松地把它们区分开。

（7）单击【队列】按钮，把序列发送到 Adobe Media Encoder 中。

（8）打开 Markers 序列，重复步骤（1）～（7）。

接下来我们进入 Adobe Media Encoder，为两个序列的多个导出版本做相应的设置，这比从 Premiere Pro 中再导出两次要简单得多。

（9）切换到 Adobe Media Encoder 中。

（10）在【队列】面板中选择一个序列，然后按住 Ctrl 键（Windows）或 Command 键（macOS）单击另外一个序列，同时把它们选中（图 5.10）。

注意

在选择了一个预设之后，如果你又更改了其中某个设置，则【预设】中将显示为【自定义】，表示你对所选的预设做了修改。修改之后，你可以把自己的设置保存为预设，供下一次使用。

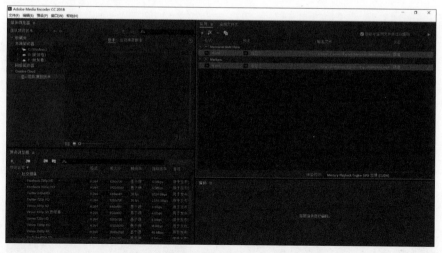

图 5.10　在【队列】面板中同时选择两个序列

（11）单击【重制】按钮（图 5.11）。此时，Premiere Pro 会复制两个序列，你可以通过输出文件名称来区分它们。

图 5.11　单击【重制】按钮后会得到 4 个序列

（12）同时选中两个副本，两个副本均以"_1"为后缀。

（13）单击每个序列的【预设】（蓝色文字左侧的下拉箭头），从下拉列表中选择【YouTube 1080p HD】，更改两个序列的预设（图 5.12）。

图 5.12　为所选序列选择【YouTube 1080p HD】预设

（14）取消选择序列，单击第一个副本的【输出文件】列下的蓝色文字，在弹出的【另存为】对话框中，在文件名称的后面加上"LQ"后缀，然后单击【保存】按钮。对另外一个副本执行同样的操作。

（15）单击【启动队列】按钮，启动渲染队列（图 5.13）。

提示

如果你只想换一个预设，只需从【预设】列表（单击下拉箭头）中选择一个预设即可。如果你想修改当前预设，请单击蓝色预设文字，在弹出的【导出设置】对话框中进行修改。

图 5.13　正在渲染中

此时，Adobe Media Encoder 会显示出当前正在处理的是哪个序列、渲染进度、序列缩览图，以及全部任务的渲染进度。

5.6　自己动手：制作一段幻灯片视频

接下来轮到你自己动手制作一段幻灯片视频了。你可以为某场纪念活动、生日聚会、婚礼活动、某个赛事或特别活动制作一段幻灯片视频。

规划幻灯片视频时，要注意如下一些事项。

- 简短。
- 留出足够的时间来搜集照片、实物等资料，并通过扫描、拍摄等手段把实物资料数字化。
- 查找合适的背景音乐。
- 为图片添加一些动态效果，以增添视觉趣味性。
- 与他人分享自己的作品。

5.7　小结

在制作幻灯片视频这类项目时，虽然只会用到很少的或者根本不会用到视频素材，但只要向静态图片应用合适的动态效果，让画面生动起来，就能够获得不错的展示效果。在使用 Premiere Pro 制作讲述故事的视频时，把静态图片转换成引人入胜的幻灯片视频对故事的讲述非常有帮助。

本章目标

学习目标

- 了解视频制作的各个阶段
- 理解任务需求
- 了解视频制作团队中的各个角色
- 有效沟通
- 使用电影拍摄中常用的镜头
- 合成视频帧
- 了解编辑技术
- 了解知识产权及相关许可

ACA 考试目标

- 考试范围 1.0

  在视频行业中工作

  1.1、1.2、1.3、1.5

第 6 章

在视频行业中工作

虽然许多人都会自己动手拍摄与编辑视频，但是视频与影片制作是一个团队共同努力的结果。制作商业委托项目时，团队合作有助于高效实现客户期望的结果。制作一部精良的作品，会涉及大量细节，这些细节不是一两个人就能处理的。

本章中，你将学到如下内容：视频制作包含哪几个阶段、任务需求如何定义，以及制作团队中的各个角色、常用镜头与编辑技术等。

6.1 制作阶段

不论是制作一则简短的公益广告，还是制作一部完整的影视作品，一个专业的视频制作流程通常都包含如下几个阶段。

★ ACA 考试目标 1.2

6.1.1 开盘立项阶段

开盘立项是一个视频制作项目的初始阶段。开盘立项应该包括统一意见、获得承诺、制定策略 3 个部分。这个阶段主要涉及一些高层次的内容，包含用来指导完成前期制作阶段中的具体细节。

- 统一意见。跟客户确认任务需求，并就视频要实现的效果达成一致意见。
- 获得承诺。与客户一起制定预算和时间表，讨论制作费用，确保每个参与者都有足够的资金与时间完成整个项目。获得所有相关客户方关于时间和资金的承诺，确保项目顺利进入前期制作阶段。
- 制定策略。根据客户给出的任务需求、目标受众、目标和交付要求制定相关策略，为在前期制作阶段中做具体决策做准备。

6.1.2　前期准备阶段

你不能在开盘立项阶段结束后就立即开始制作。拍摄不是随便找几个人，再按下快门就行的。在拍摄之前需要做大量的准备工作，例如准备灯光照明、服装道具等。仓促开拍会出现许多的意外情况，例如在把片场清理之后突然发现还有几个镜头没拍，拍着拍着发现存储卡用完了等，处理这些意外情况需要耗费大量的时间与金钱。前期准备的一个主要目标就是尽量避免出现这些意外情况。为了实现这个目标，我们需要在前期准备阶段做详细的计划，包含如下内容。

- 制作故事板。故事板的用处很多。把人物表情绘制在故事板上，导演可以根据故事板引导演员做出相应动作。各个分镜头草图可以帮助摄影指导指挥摄像师在拍摄时进行取景构图。故事板上的镜头序列可以让后期制作人员知道如何把拍摄的镜头组合在一起。故事板上的备注信息可以指导专职工作人员（如服装设计师、艺术总监、片场经理）开展工作。

- 编写脚本。脚本是故事板的有益补充，它从另一方面丰富了细节。脚本中包含演员表演所需要的大量细节，如对话内容等。制作团队中的工作人员也可以根据脚本的具体要求去做更多细节工作。

- 招聘。演员试镜，制作团队成员的面试及录用。

- 规划制作细节。例如拍摄剧中人物夏天在夏威夷海边看落日的镜头时，场地负责人会找一个面向西方的沙滩来代替夏威夷海滩；服装设计师会为人物设计一套适合夏天穿的浅色海滩装；摄影导演会根据落日时分的暖色与长影子设置灯光照明设备。

- 详细时间表。项目所需的时间与预算直接相关，所以精确地安排日程至关重要。日程安排与每件事都息息相关。例如，你要在街角拍摄一个场景，场地经理需要确保场地在指定时间段内获得拍摄许可；所有演员和工作人员都必须在拍摄时间段内有空；所有设备都必须在该时间段内全部到位，因此负责运输的人员必须安排好。所有需要在那个角落拍摄的镜头都必须在该时间段内拍摄完成；而不管这些镜头散落在剧本的哪些位置，所有导演和演员都必须做好拍摄那些镜头的准备。所有服装道具都必须在拍摄日之前完成并准备好。延期拍摄和重拍都会付出高昂的代价，如果日程安排表中漏掉了某一项，就需要再次协调上面这些资源，这样做的成本无疑很高。

在前期准备过程中，制作团队中的各成员之间需要做大量沟通，因为专家们可以预见潜在的问题并通过事先规划来解决它们。例如，摄影指导可能需要在一个特定的位置架设照明设备，这可能会改变电力系统，为此，电工必须做好周全的设计规划。其他如制作设计师、服装设计师和场地经理等专家将会相互审查对方对每个场景的计划，以了解他们需要什么，或者会根据进度或预算指出需要注意的问题。

除了详细的日程安排表外，各部门的负责人还会为他们自己的部门创建时间表和检查表，以确保没有遗漏任何东西。再次强调，每件事都必须事先做好准备，因为一个错误就可能毁掉一个场景，而返工会影响工作进度，进而影响项目预算。

6.1.3 实体拍摄阶段

俗话说"先将工作计划好，再按计划来工作"。前期准备与制作就是这样的。在前期准备阶段中，我们把工作计划好，然后从制作开始往后都是执行计划的过程。在制作阶段中，我们要根据前期的计划安排正确的时间、正确的地点，使用正确的设备和人员去完成计划中的每一件事。

如果每件事都被考虑到并且做好了安排，那么每次拍摄都能按照故事板与脚本顺利展开，并且能做到毫无遗漏。照明设备都到位了吗？摄像机存储卡都收好了吗？都有记录与备份吗？为了做到万无一失，各个部门的工作人员都必须严格按照时间表和检查表工作。

有些作品中可能会包含非真实的元素，例如动画或计算机图形。当制作团队在拍摄实景时，特效设备可能正在处理非真实的元素，好让编辑人员把最终处理好的非真实元素与实景元素结合起来。

6.1.4 后期制作阶段

当视频、音频、动画等项目需要的所有素材准备妥当之后，这些素材会被发送给后期制作人员，项目进入后期制作阶段。在后期制作阶段中，制作人员会把收到的素材编辑在一起，然后进行润色修饰。

首先，后期制作人员会参考脚本把视频和音频拼接起来，即做粗剪。随后，他们会拿着粗剪结果与导演一起讨论，再继续进行完善，直到整个故事能够以合适的节奏流畅地讲述出来。当剪辑变得很精细时，制作人员会继续添加特殊效果，如图形和音效。当剪辑确定好之后，制作人员再添加音乐和字幕。

在这个阶段，后期制作人员会花费大量时间在 Premiere Pro 等视频编辑软件中使用前面介绍过的技术来编辑视频。

6.1.5　发布阶段

当后期制作完成之后，最终作品会以开盘立项阶段所指定的交付格式被发布出去，例如发布在媒体平台、影院、有线电视、公司内部网站上。

如果你希望通过视频获得一定收入，那你一定要做好市场营销。它是一项关键活动，能够让潜在的付费用户注意到你的作品并吸引他们付费观看。事实上，早在进入发布阶段之前，市场营销和宣传活动就已经开始了。

6.2　明确任务需求

★ ACA 考试目标 1.1

在本书的示例项目中，前期准备阶段只包括查看任务需求。开始动手制作之前，明确任务需求至关重要，因为你和你团队做出的每一个决定都应建立在任务需求基础上。对于小项目，这个过程可能没什么复杂的；但是对于大型项目，这个过程可能会很复杂。下面是一些必须注意的问题。

- 目的。你做这个项目的目的是什么？怎样才算成功？
- 客户。哪些人需要这些信息和产品？你的典型客户是谁？
- 预算与限制。这个项目有哪些限制？需要花费多少预算与时间？
- 期望。除了已经讨论得到的结果，你还希望从这个项目中得到什么呢？

- 平台。视频要在什么平台上展示？网络、移动设备、售货亭、DVD、广播电视？这些播放平台有什么具体要求？

这些问题旨在帮助你判断并确定客户的期望。这些问题的答案确定了任务的规模，以及你如何才能更好地与客户合作。

从一开始就画草图和写笔记会很有用。尽可能多地收集信息，确保项目的其他阶段能够顺利开展下去。越早把握客户的要求（如客户喜欢的颜色、版面布局等），推倒重来的可能性就越小。要么现在就投入时间防止问题发生，要么等问题发生之后投入更多的精力解决。有了对问题的清晰认识，你会获得在下一个阶段中解决问题所需要的信息。

现实中，对视频制作有潜在需求的客户远比本书示例提到的多得多，这里我们只提其中一部分。

6.2.1 客户

本书示例中提到的客户有基建公司、学校、养老院等。除此之外，对视频制作有潜在需求的客户还包括下面这些。

- 当地企业。
- 体育队。
- 科技初创企业。
- 房产中介。
- 旅行社。
- 新闻机构。
- 艺术机构。
- 饭店。
- 活动组织者或发起人。
- 中小学、大学等教育机构。

如果你对某个领域（如食物、婚礼、动物、航空）的视频拍摄特别感兴趣，你可以集中精力专攻这个领域，并将其作为一个创收的机会。同时不断提升相关专业技能，力争在主攻领域做到行业最好。专业化有助于你在市场竞争中脱颖而出。

6.2.2　目标受众

请注意，视频的目标受众通常与客户不是同一个群体。例如，雇用你的人可能是一家初创科技公司，他们正在为忙碌的父母开发一款智能手机 App。在这种情况下，视频的目标受众应该是忙碌的父母，而不是计算机程序员。

在某些情况下，你的客户可能并不清楚视频的目标受众是谁。此时，你应该准备一些问题并通过客户的回答来搞清楚目标受众是谁。准备问题时，一个很好的方法是使用人口统计学，如下所示。

- 收入：确定把关注点放在质量、独家性或价格上。
- 教育水平：确定用词和设计的复杂程度。
- 年龄：确定让人感兴趣的点、态度、词汇。
- 爱好：帮助客户选择图片、词汇和态度。

通过人口统计学找出目标受众可以帮助你和编剧确定视频的意象、语言、外观和氛围。这样做可以让目标受众更容易对你的视频产生共鸣，激发他们的兴趣，从而吸引他们的关注。

6.2.3　目的

客户委托你制作视频的目的是希望通过你制作的视频把某些信息有效地传递给目标受众。视频的目的应该足够明确，这将有助于你做出一些必要的决策（例如聘用合适的编剧针对目标受众编写脚本），以推动项目开展下去。

如果你的客户对视频目的的表述很模糊，那你就需要通过问一些问题来搞清楚视频的目的。例如，一个客户想要做一个网络广告，但在线调查显示目标受众中很少有人知道这个客户的业务。你可以帮助客户确定视频的目的是在下次调查中把目标受众对品牌的认知度提升 15%。视频的目的越明确，你做出的决策越正确，制作规划会越准确。这样会大大增加你成功的概率。

6.2.4　交付要求

在过去，视频只有一种交付形式，那就是录像带。而现在，交付形式多种多样，如下所示。

- 电视节目。
- 面向网络与移动设备的流媒体或可下载视频。
- 数字电影数据包（DCP），包含一系列文件，其中有一个可供影院放映使用的标准配置文件。
- 光学介质，如 DVD、蓝光光盘。

此外，对技术的要求范围比以往任何时候都更广泛。虽然你的大多数项目是 2K 或 4K 的 2D 视频，但有一些客户可能需要 HDR 视频、3D 视频、360°视频（常称 360 视频）。而且其中一些格式对视频的拍摄和编辑有特殊要求，这使得与客户进行清晰的沟通变得尤为重要。

许多视频项目可能只需要用到立体声或单声道音频，但有些项目可能要求使用 5.1 声道环绕声（几种环绕声格式之一）。例如，客户要求你为某个使用特定环绕声系统的展览装置制作一个视频。

某些情况下，你可能需要使用某些专业设备来帮助你把视频和音频转换成特定的格式。

6.3　视频制作团队的人员构成

一个成功的视频作品是制作团队中的所有成员协同工作的结果，他们在视频制作过程中扮演着不同角色，共同努力把导演的想法和脚本中的情节变成视觉场景，然后用摄像机拍摄出来。在一个视频制作团队中，成员角色有很多种，一些小型制作团队中可能不是每种角色都有，但大型制作团队中通常都会有。下面我们不打算列出制作团队中的所有角色（完整列表会很长，可参考电视与电影的演职人员名单），而只列出制作团队中一些常见的角色。

★ ACA 考试目标 1.2

- 制片人。制片人是对外联系的主要负责人，负责联系客户、工作室、资金支持方等。制片人先有一个制作想法，然后寻求资金支持；之后组建和管理制作团队。执行制片人比制片人高一级，通常不参与日常制作工作，但可能提供了重要的资金支持。
- 导演。导演要有明确的目标和管理团队的能力。导演解读脚本的能力影响着一部作品的各个方面，例如整个作品的风格和氛围，这是因为表演、摄影、制作设计、服装等各个方面都会围着导演的意图展开。

一般在导演的手下还有一个助理导演，助理导演会全力支持导演的工作，帮助导演盯着日程安排表、核查表和其他制作细节。

- 编剧。编剧基于原始故事创作出脚本，然后演员就可以根据脚本把故事情节表演出来了。脚本中的对话是演员的台词。围绕着对话的脚本元素为各种制作任务提供了基础和上下文环境。例如，当一个场景标题写着"INT. LONDON PUB"时，导演知道要找一家英国酒吧来拍摄，或者安排一个合适的酒吧场景。编写对话时，必须能让演员通过语言和动作来演出剧中人物的真实状态。

- 摄影指导（DP）。摄影指导使用摄像机、镜头、构图和灯光来实现导演对剧本的设想。显而易见，摄影指导是电影视觉效果的主要塑造者。

摄影指导手下有摄像机操作员和数码成像技术人员（DIT），数码成像技术人员专门负责维护摄像机及其附件，确保它们始终能够正常运行。例如，数码成像技术人员将确保所有电池都处于满电状态，总有空闲的存储卡可用；收集存满数据的存储卡，并进行记录和备份。

- 制作设计师。虽然摄影指导使用摄像机塑造了影片外观，但是他必须有东西可拍。制作设计师通过他们放置在镜头前的内容也会对影片外观产生巨大的影响。例如，如果一个镜头的背景是一个特定的历史时期，那么制作设计师就应在拍摄场景中添加一些细节，使整个场景看起来就是那个历史时期的。

- 艺术指导。艺术指导通过获取或为场景搭建物理设施来实现制作设计师的意图。

- 服装设计师。服装设计师的工作类似于制作设计师，但专门负责设计演员的演出服装。理想情况下，服装与布景、摄影技术结合能够更好地让观众沉浸在脚本中描述的特定时代背景下。

- 演员。演员在摄像机前按照脚本进行表演，通过对话、面部表情、行为动作等来刻画剧中的人物角色。在商业广告或纪录片中，演员的作用就是使用一种有权威且可信的声音向观众传递脚本中的信息。

- 视频剪辑师。在后期制作中，视频剪辑师会获得制作阶段录制的所有视频、音频剪辑，然后把它们组合在一起形成一个作品。这个过程中，视频剪辑师需要与导演密切合作，保证剪辑的时间安排符合导演的设想，并要与演员的表演协调一致。当某个场景被拍摄了多次，或采用多机位拍摄时，视频剪辑师还要同导演一道选择一个最佳镜头。

- 制片助理。制片助理有很多，做的事很杂，主制作成员无法顾及的工作都由他们来做，包括准备设备和道具、跑腿，准备餐食等。

- 灯光师。灯光师负责规划照明，并与器械师合作指导器械组根据照明规划布置照明设备。

- 场地经理。当拍摄需要在影棚外开展时，场地经理会寻找符合脚本中各种场景要求的场地。为了让拍摄能够在指定地点合法地展开，场地经理需要获得场地的使用许可，并安排物流人员运送拍摄设备等。

- 制片主任。制片主任负责管理和监控进度和预算，当拍摄进度落后或者预算超支时，他们会立刻觉察到，并采取合理的措施来保证拍摄正常进行。

- 其他角色。项目越大，需要的人员就越多。在大型制作项目中，还有器械组（设置摄像机和照明设备）、摄像机操作员、摄像助理、器械师（安装设备）、音响师、混音师、麦克风操作员、电工等。

小型制作团队

显而易见，在小型制作项目中，制作团队的成员不会太多，而且往往是一人身兼数职。

在预算允许的情况下，最好把制作团队成员的角色划分得细一些。例如，剪辑与拍摄是完全不同的工作。虽然一个人可以兼做好几种工作，例如写脚本、当导演、拍摄和编辑，但是分配专人分别做这些工作通常能得到更好的结果，因为大家一起做能够碰撞出更多的火花，得到更好的意见和反馈。大型制作项目往往会有大量的资金支持，能够承担得起大量团队成员加入其中。尤其是一些专家的加入，他们有丰富的经验，能够在某个方面精益求精，这对提升整体制作质量大有裨益。

6.4 有效沟通

★ ACA 考试目标 1.2

制作一个视频项目时，无论大小，制作团队成员之间都应该协调一致，这样才能保证制作进度，确保预算支出在合理的范围之内。要做到这一点，团队成员之间必须进行有效的沟通，包括横向沟通（各个部门之间）和纵向沟通（上下级之间）。

制作团队中的每个成员都必须就以下问题达成一致。

- 预算。预算指定了每个人可用的资源数量，包括演员的薪资、设备费用、场地费用等。
- 日程表。日程表上的重要日期节点规定了参与制作的每个人员完成某项工作的最后期限。
- 审美、情绪与氛围。所有制作人员的工作都必须满足项目的整体制作需要。例如，导演、制作设计师、服装设计师对 2200 年生活的样子都有各自的畅想，但是当他们一同拍摄一个 2200 年的科幻场景时，他们必须对如何实现这一场景达成一致意见。他们必须进行有效沟通，才能意识到其他人正在做的工作，然后相互配合创建出统一的视觉效果。若脚本讲述的是 2200 年一个科幻的故事，导演、制作设计师、服装设计师应一起努力实现明亮、干净、自由、乐观的视觉效果和表演风格。但如果脚本描述的是一个现实主义的 2200 年，那么这些制作人员将一起努力创造一个黑暗、压迫的未来场景。

就你想到或注意到的任何问题或担忧及时进行沟通是非常重要的。若不及时处理这些问题，可能会导致进度落后，最终付出高昂的代价。例如，如果有一个布景与照明设备不匹配，布景设计师需要尽快知道这一点。在一个项目的制作过程中，各个部门之间的冲突经常会出现，关键是找出一个有效方法来解决冲突。大多数时候出现冲突时，相关方各退一步一般都能使冲突得到妥善解决。但是，在预算少、团队小的情况下，相互妥协并不是件容易办到的事。

一个团队要想协调好各个成员之间的关系，首先必须找到一个合适的沟通工具。不同的团队有不同的沟通工具，有的团队习惯使用即时通信软件进行沟通，有的团队则喜欢使用电子邮件或短信进行沟通。制作团队通常是为某个制作项目而临时组建的，在加入某个团队之后，如果你发现这个团队使用的沟通方式与你习惯使用的不一样,那请你尽快适应这种新的沟通方式。

视频制作团队往往是临时组建的,团队成员流动性较强。在一部电视剧的拍摄中,导演、编剧和其他工作人员随时都有可能发生变化。这就是我们为什么一再强调要重视沟通和解决冲突。在视频制作领域,组建一支团队时,其成员全来自自上而下的口碑推荐。首先,导演会打电话给他过去一起共事过的制片主管,然后制作主管会向导演推荐靠谱的人员。谁不会接到电话或不会被推荐?是那些沟通或解决问题能力不行的人,招募这些人会让问题不断涌现,会让制作进度远远落后于计划。你必须把自己训练成一个专注、高效、善于沟通的人,这样当机会来临时,你的同事会首先推荐你。

6.5　行业词汇与术语

在视频制作领域,已经形成了一套标准的视觉叙事语言。在这套语言中,一部分涉及如何为每个场景拍摄镜头,本节将讲解这些内容;另一部分涉及如何编辑拍摄到的镜头。

★ **ACA 考试目标 1.5**

6.5.1　镜头类型

乍一看,视频的每一帧画面都是一个简单的二维图像。但是放在视频和电影制作中,是不能这么简单地理解的。一个静态的视频帧就是将景物从三维空间投射到二维空间而形成的一张照片。因此,你可以使用透视等技术手段来改变观众对隐匿在二维空间中的三维空间的理解。

但视频又与照片有着明显的不同,它是动态的。视频帧中可以包含运动,你可以控制画面元素随时间发生特定的变化,进而操控观众对空间的感知。

1. 拍摄距离与视角

在用视频讲述故事时,可用的镜头类型有多种,如下。

- 全景镜头、远景镜头、定场镜头、主镜头。这类镜头通常使用广角镜头来展现远多于拍摄主体的内容，例如被摄主体周围的环境。因此，在一个场景的开头，一般会把全景镜头或远景镜头作为定场镜头使用。这会告诉观众，地点或时间发生了变化，并提示新场景设置的时间和地点。若定场镜头展现的是一座老城，城中有埃菲尔铁塔和在街上行驶的马车，你就会知道这个故事情节发生在 19 世纪末期的巴黎。

在前面第三个项目中，视频剪辑 wideshot.mp4 就是一个广角定场镜头的例子。在这个视频剪辑中，画面中虽然也有主体人物，但大部分画面展现的是人物所处的环境，观众通过环境信息可以知道人物身在一个学校的餐厅里（图 6.1）。

- 近景镜头或特写。与全景镜头相反，近景镜头使用窄视角镜头来填充画面细节，如人物的面部。近景镜头通常用来将观众的注意力集中在一些在普通镜头下很难让人注意到的东西上，例如清晰地展现人物的面部表情或者增强某一段对话的效果。特写镜头可以作为反应镜头使用，展现人物角色情感上的反应。

在第三个项目中，视频剪辑 s4c.mp4 就是一个近景镜头的例子。视频画面几乎被人物的头部占满（图 6.2），背景信息很少，观众很难知道人物在哪里（人物所处的位置在前一个镜头中已经交代清楚）。

图 6.1　远景镜头

图 6.2　近景镜头

- 中景镜头。这个镜头的使用频率很高，因为它最接近人眼的观看视角，介于大远景与大近景镜头之间。它不片面强调主体人物或背景中的任意一个，观众可以从这种镜头中同时获得主体人物和背景的相关信息。

■ 双人镜头。拍摄两个人交谈的场景时，可以把两个人同时包含在画面中（图6.3）。当导演想让观众同时看到两位演员的表情时，可以使用双人镜头拍摄。

图 6.3　双人镜头

■ 变焦镜头。不同于定焦镜头，在变焦镜头的拍摄过程中，镜头的焦段是变化的，开始时是一个焦段，结束时是另外一个焦段。拍摄一个广角镜头或中景镜头时，不需要更换镜头就能切换成特写镜头，反之亦然。

大多数场景都是使用定焦镜头拍摄的，相比定焦镜头，变焦镜头活力十足，你可以将其作为一种转移注意力的效果使用。若使用得当，这种镜头可以用来表现态度突然改变或事情的紧迫性。

在第三个项目中，视频剪辑 wideshot.mp4 就是一个变焦镜头，刚开始时是广角镜头，然后变成特写镜头（图6.4）。

图 6.4　变焦镜头

2. 引导注意力

有些镜头通过摄像机的运动或调整来改变观众感知画面中的距离和空间的方式。

- 深景深镜头。在深景深镜头中，不管被拍摄物体离镜头有多远，镜头中的一切都是清晰的（图6.5）。当导演想让观众清晰地看到画面中的一切时，可以使用深景深镜头来拍摄，这样镜头近处与远处的重要动作都能清晰地展现出来。如果你想拍出深景深镜头效果，请使用小光圈或者广角镜头拍摄（使用广角镜头拍摄时，在大多数光圈下都能得到深景深效果）。
- 浅景深镜头。在浅景深镜头下，景深范围很小，画面中清晰的区域只占很小一部分。类似近景镜头，使用浅景深镜头有助于把观众的视线吸引到画面中清晰的部分（图6.6）。

图6.5　深景深镜头

图6.6　浅景深镜头

- 移焦镜头。在拍摄移焦镜头时，摄像机的焦点会从一个焦平面移到另外一个焦平面上。使用移焦镜头可以有效地把观众的注意力引导到画面中不同的部分。移焦镜头一般都是浅景深镜头，只有焦平面上的对象是清晰的，其他不在焦平面上的对象都是模糊的。因此，我们可以使用移焦镜头来暂时隐藏画面中的另外一个主体，在必要的时候再调整摄像机焦点，将其显示出来。例如，刚开始时把焦点放在前景打电话的人物上，此时背景是模糊的；当把焦点移到背景上时，前景人物变模糊，背景变清晰，背景中偷听电话的第二个人物显示了出来（图6.7）。
- 推轨镜头。拍摄推轨镜头时，一般会把摄像机放在轨道车上，然后向前推或往后拉轨道车，使摄像机靠近或远离被拍摄物体。在跟踪拍摄中也可以使用轨道车，让摄像机跟随被拍摄人物一起移动，例如跟着人物一起沿着街道移动。拍摄这种镜头时，摄像机也可以不固定在一个地方（图6.8）。

图 6.7　使用移焦镜头拍摄时，首先对焦在前景女人上，然后对焦到背景男人上

图 6.8　向前推摄像机，经过女人向着男人移去

- 摇镜头。在摇镜头的拍摄中，摄像机固定在一个位置，通过旋转来拍摄某个地点或场景的全景；大多数是横摇镜头，但有时也会用到竖摇镜头，例如镜头从地面往上摇到一座高楼上。当你拍摄一个镜头无法一次性全部容纳的全景时，可以使用摇镜头拍摄。此外，你还可以使用摇镜头把镜头画面之外的内容展现出来。

在第一个项目中，视频剪辑 tiltUp.mp4 就是一个竖摇镜头，刚开始时是地面，然后镜头往上摇，显露出工程机械。

3. 拍摄角度

我们通常把摄像机看成一个离被拍摄者有一定距离的观察者。在讲述故事的过程中，你可以使用摄像机从不同的角度拍摄，包括从另外一个人物的角度。

- 高角度镜头（鸟瞰镜头）。高角度镜头有时又叫"鸟瞰镜头"，拍摄时，摄像机从主体上方往下拍摄（俯拍）。例如，在一个对话场景中有两个人物，一个在高处（如在靠街的阳台上），另一个在低处，拍摄这个场景时，可以使用高角度镜头。这种镜头会让被拍摄主体有种弱小又易受伤害的感觉。有时在拍摄定场镜头时，会使用高角度镜头和广角镜头相结合的拍摄手法。

在第一个项目中，有许多剪辑都是高角度镜头，因为它们都是用无人机拍摄的（图 6.9）。在过去，早在无人机普及之前，拍摄高角度镜头必须要动用吊臂等设备，因此这样的镜头也叫吊杆镜头。

图 6.9　高视角镜头

■　低视角镜头（虫眼镜头）。低视角镜头有时又叫"虫眼镜头"，拍摄时，摄像机从下往上拍摄主体。你可以从地面往上拍，也可以从低于地面的地方往地面上拍，具体要看脚本是怎么定的。从叙事角度来看，低角度镜头用于暗示被拍摄主体个头大、强壮有力，让被拍摄主体显得令人生畏，或只强调其体积和块头。在第3章中，使用低角度镜头很好地强调了人物跳过桌子的动作。

在第三个项目中，拍摄学生跳过桌子的场景时，用的是低角度镜头（图 6.10）。

图 6.10　低角度镜头

- 反拍镜头。拍摄反拍镜头时，摄像机会被设置在与上一个镜头相反的位置上进行拍摄（图6.11）。一个常见的例子是拍摄两个正在面对面交谈的人，镜头分别在两个人物之间进行切换。另一个例子是先把镜头对准人物面部进行特写，展现人物在看到某个东西后的面部表情，然后把镜头对准到人物所看的东西上，交代人物是在看见什么东西后做出的反应。

图 6.11 反拍镜头

- 过肩镜头。过肩镜头常用来拍摄对话场景，也常用作反应镜头和反拍镜头。它是指隔着一个人物的头部或肩膀，朝向另一个人物拍取的镜头。把第一个人物的身体局部放在画面中有助于把观众的视线引导到焦点人物上。

6.5.2 画面构成

如果你是一名摄像师或视觉艺术家，那你肯定有组织构成二维图像的经验。你可以把同样的法则应用到视频上，但是要注意那些会影响构图的镜头。二维图像的构成是静态的，而视频帧的构成是动态的，即帧内容会随着时间发生变化。但这并不是什么坏事，只要掌握了它，你就多了一种讲述故事和进行创意表达的手段。对观众来说，视频更加吸引人，因为不论什么时候镜头中的景物都是动态连续的，画面会随着摄像机或人物的移动不断发生变化。不论是制作大型战争场面，还是制作温馨镜头（例如边走边交谈），下面这些构图规则都是适用的。

常见的构图规则包含如下内容。

- 二次构图。在画面中，你可以使用一些道具或场景元素占据画面中的某些区域，借此把观众的视线引导到画面的另外一个区域中。也就是在画面中进行二次构图（图6.12）。

■ 对称构图。在对称构图中，画面沿水平中轴线或竖直中轴线对称（图6.13）。对称构图具有平衡、稳定、相呼应的特点，缺点是呆板、缺少变化。另外，对称构图也可以用来表现双方对立的局面。

■ 平衡构图。在平衡构图中，画面中各种元素的视觉重量是均衡的，但在构图上不一定是对称的（图6.14）。有时，不管实际物体的位置如何，仅靠光线、阴影、色彩的合理排布即可达成视觉上的平衡效果。

图 6.14 非对称的平衡构图

- 空间留白。当主体人物面向一个方向时，最好在他面向的一侧留出一些空间。主动留出空间可以在画面中达到某种动态平衡，这比把主体人物放在画面中间要好得多（图 6.15）。当主体人物移动时，在人物移动的方向上留出空间也很有必要，这会在视觉上为人物移动提供空间，即使拍摄过程中被拍摄人物不会走到画面边缘，我们最好也这样做。

- 引导线。在画面中，你可以使用汇聚线或成角度的线条把观众的视线引导到主体人物上（图 6.16）。实践中我们经常使用具有线性透视效果的自然线条来实现这种效果，例如建筑物上呈现出的几何线条。

图 6.15 在人物面向的一侧主动留出一些空间

- 三分法。三分法构图是最经典的构图方法，它把画面在纵、横上各分割成 3 部分，拍摄时参考分割线和交叉点安排拍摄对象的位置。这是一种快速实现非对称平衡的方法。但请注意，当使用这种构图方法无法得到令人满意的结果时，请尝试使用其他构图方法。

图 6.16 门把手和天花板方块形成的引导线指向被拍摄对象转弯后出现的位置

图 6.14 所示的画面看上去是平衡的，原因之一是拍摄时把推土机放在了画面左上角的交叉点处。图 6.15 所示的人物的头部被安排在了画面右上角的交叉点处。

- 小心那些让人分心的元素。在现场拍摄过程中，请注意脚本中未提及的那些元素对象，它们可能会分散人们的注意力。例如，当你拍摄一个站在海滩上面朝大海的人物时，画面构成并不复杂，其中只有几种颜色。但此时，如果有人穿着鲜红色的泳衣走到远处的水里，那一小块鲜红色可能就会分散观众的注意力，从而破坏整个镜头。当一个镜头拍摄完成后，一定要记得查看整个画面。

- 180°法则。观众通过画面中人物与对象的相对位置来确定方向。例如，在一个对话场景中，第一个人物位于画面左侧，第二个人物位于画面右侧。当镜头视角发生变化时，务必确保两个人物原有的相对位置保持不变。若无法保证（例如第一个人物出现在了画面右侧，第二个人物出现在了画面左侧），观众可能会迷失方向，从而注意力分散。

这就是所谓的"180°法则"。你可以想象有一个圆圈经过两个人物，圆圈的每一个点都代表摄像机的一个拍摄位置，只有当摄像机位于两个人物同侧的半圆上时，空间关系才是一致的。假设有一条轴线同时经过两个人物，把圆圈一分为二。遵循 180°法则意味着拍摄时摄像机不应越过这条假想的轴线，也就是一直将摄影机保持在轴线的同一侧（图 6.17）。

图 6.17　拍摄时，只要保证摄像机一直在两个人物同一侧的半圆上，从观众视角来看，两个人物的空间关系就是一致的

如果你觉得自己在构图方面的能力有欠缺，建议你学习一下艺术史。绘画大师、摄影大师们懂得构图，并花费了大量时间去研究和完善构图技巧。大多艺术家们都学习并借鉴了这些大师们的作品。

6.5.3　编辑技术

如上所述，通过镜头进行叙事时有一些常用的技巧。同样，在后期编辑镜头的过程中也有一些常用的技巧，这些技巧一般都有一些标准的词汇为指代。

★ ACA 考试目标 1.5

1. 连续性剪辑

视频编辑中，优先考虑的应是保持连续性，即在内容上和构图上保持一致性，这样会使观众觉得镜头切换前后的动作在逻辑上是合理的。良好的连续性可使观众容易跟上故事发展的脉络。下面是一些常用来保证连续性的技术。

- 动作顺接。镜头切换前后的一个动作有连续性。换言之，前一个镜头中的动作要持续到后一个镜头中。
- 匹配剪辑。相比动作，匹配剪辑更多体现在内容的构成上。在匹配剪辑时，镜头切换前后的视频帧拥有相似的构成。例如，在一个闪回场景中的最后几帧中展现的是急打方向的方向盘，下一个镜头中是发生事故翻车后急速旋转的车轮。前后两个镜头中的内容在构成上是一致的，由此观众可知道前后两个镜头中的车是同一辆。在镜头的切换中，这种相似性有助于把在空间上或时间上相互独立的几个场景组织在一起，形成自然的过渡。
- 视线顺接。上一个镜头中的人物看向画面外，切换镜头后，下一个镜头中展现的是人物所看的东西（图 6.18）。尽管这两个镜头在内容方面没有共通之处，但这个"注视"动作把两个镜头联系了起来。

视线顺接的另外一种说法是：在一个镜头中有一个人物看向画面外的一个对象，在另外一个镜头中也有一个人物看向画面外的同一个对象；如果两个镜头是一致的，观众就知道两个人看的是同一个对象。

- 切出镜头与 B 卷。除了可以覆盖掉主场景之外，你还可以使用其他类型的镜头来帮助保持连续性及提供背景。切出镜头可以帮助观众了解拍摄对象周围发生的事情。如果被拍摄对象身处战区，脚本中可能会给出一些切出镜头，例如士兵做瞄准动作、医疗队

救治伤员、头顶上呼啸而过的战机等。第 2 章中，我们使用了 B
卷素材对采访内容进行补充。

图 6.18 第一个画面中显示的是学生正在看画面外的一个东西，第二个画面中显示的是学生看的腕表

这类辅助镜头可以用作缓冲镜头，帮助解决主镜头的不连续性问题。
例如，人物在上一个镜头中位于一个城市，然后在下一个镜头又位于另
外一个城市；为了保持前后两个镜头的连续性，可以在两个镜头之间插
入一段客机落地的镜头，暗示两个镜头之间有一些变化发生了，这样可
以保证镜头切换后内容的连续性。这种类型的镜头又叫衔接镜头，你可
以从一开始就做好使用这种镜头的规划。

- 使用音频保持连续性。音效师通常会录下片场周围的环境音作为
  场景中所有镜头的背景声音，让观众知道当前序列虽然包含了多
  个镜头，但仍然是一个场景。前面学过的"L 剪接"与"J 剪接"
  法也采用了类似的技巧——使用同一个剪辑的音频来保证多个镜
  头的连续性。

2. 操控时间

在讲述故事与非虚构类项目中，我们经常会使用连续性剪辑技术。但在
一些创意项目中，我们也会使用一些非线性的剪辑技术来增强项目的创意性。

- 交叉剪接。在交叉剪接中，视频剪辑师会把不同场景中几乎同时
  发生的若干个镜头剪接在一起。请注意，这里所说的镜头不是指
  同时间同场景中发生的镜头。交叉剪接经常用来比较两个对象的行
  为，例如两个拳击手对战之前的日常训练、一对情侣结婚前两家准
  备婚礼的情况。对比可以凸显不同，也可以暗示相似性或关联性。
- 闪回。在闪回剪辑中，一个或多个场景描述了一个过去发生的事

件，这些场景并不是随着时间往前发展的，只是用来揭示故事情节，展现人物的本性或动机的。

▪ 闪进。在闪进剪辑中，视频剪辑师会插入一个描述将来会发生事件的场景，用来预示将要发生什么。有时闪进中描述的未来只是事件发展的一种可能性或一种想象，是否会发生取决于人物的下一步行动。但是，如果在脚本中明确了"闪进"中描绘的是真实的未来，那么就应通过当前角色的命运如何结束这个谜题来制造出紧张气氛。

▪ 跳接。跳接会让视频在时间或空间上表现出明显的不连续性，这违反了连续性剪辑的原则，但有时这种不连续性正是我们需要的。因为它能很好地表现时间的流逝和传达不耐烦的情绪。

▪ 衔接。前面提到的衔接镜头用来传达在剧本中被跳过的时间片段，例如过去的时光。

3. 操控颜色

颜色分级是区分不同场景的得力工具。过去的场景是褪了色的或深褐色的；砂砾场景对比度大、饱和度小；夜晚场景呈蓝色调，阴影很深。

使用第 3 章中学过的颜色控件与调整图层，你可以很容易地为每个场景与时间段指定一个特定的视觉外观。当你按照固定套路使用它们时，它们能够为观众指示确定的时间与地点，这在做交叉剪接时特别有用。

6.5.4　打破规则

视频制作的技术和规则的目标是为观众提供一致的、有意义的视觉和听觉线索，使他们能在视频画面的空间和时间中找到明确的方向。当观众习惯了这些规则后，如果你想尝试使用一些非传统的叙事方式，可以尝试打破这些规则或者以非常规的方式运用它们，这样做往往非常有效。

▪ 刻意的非连续性：有时剧本不会通过时间上连续的场景带领观众逐步向前，而是省略定场镜头和衔接镜头，并使用闪回和闪进手法，为场景和人物提供不完整的背景，从而引起观众对缺失片段的好奇。在某些类型的故事中打破常规叙事方式是十分有必要的，例如离奇故事，其关键点是让观众解读混乱，将所有线索联系起来，猜测谜底。

▪ 特殊焦段或视角：使用鱼眼镜头、大特写、奇特角度可以增加紧张感，制造悬念，故意使人迷失方向。

- 不平衡构图：平衡构图给人脚踏实地、稳定的感觉，不平衡构图则会给人一种不安和紧张感。
- 斜角镜头：拍摄中，有意倾斜摄像机会传达出一种焦虑和不安的感觉。在传统拍摄中，摄像机都是水平放置的，这种反传统的做法会让人产生不适和焦虑感。

本节中提到的技术只是众多电影技术中的一小部分。随着视觉叙事的发展，技术也在不断发展，工具变得不断强大。如果你继续学习视频制作相关知识，你可能会学到更多有关使用视频叙事的方法。

6.6　许可、版权和授权

在互联网上，大量图片、视频、音乐资源唾手可得，由此产生了一种极具创造性的混制文化（remix culture）。在这种文化下，人们几乎从互联网上下载所有能找到的内容，然后把它们组合到自己的作品中。不过，媒体产业在知识产权、许可证、授权方面有一整套完整的体系，这套体系已有几十年的历史，而且得到法律、法规的支持。虽然你可以在网上轻松找到各种媒体素材，并把它们随意用到自己的个人作品中供自己玩耍，但是一旦你进入视频行业中，你就必须尊重所用素材的知识产权。否则，你可能会让你与你的客户陷入法律诉讼的风险之中，并且可能由此招致巨额罚款或其他惩罚。为了避免出现这样的问题，我们必须认真了解知识产权有关的法律、法规，并遵守它们，这样才不会危及你在视频行业中的职业生涯。

6.6.1　许可类型

对于你下载并在项目中使用的素材，你一定要搞清楚它们使用的是什么类型的许可，这一点非常重要。如果你搞错了某个素材的许可类型，就有可能会产生法律风险。当你为一个公司或机构制作视频时，如果非法使用了从网上下载的素材，你可能也会把这个公司或机构置于法律风险之中，这显然有损你的个人声誉。为了避免出现这样的问题，我们必须了解并遵守素材使用的许可条款。有时你可能心存侥幸，觉得项目小而且是非商业性的，没人会注意到它，使用一些非法来源的素材不会有什么问题。但是不要忘了，我们身处网络时代，你永远不知道一个视频什么时候会突然走红。另一方面，侵权的检测手段也升级了，而且支持自动化，一些版权公司会使用软件不定期地检查网上的视频是否非法使用了自己的素材。

所以，不论什么时候，都不要心存侥幸，请严格遵守相关法律法规，不要使用任何有法律风险的素材。

使用有版权的素材必须获得版权人的使用许可，只指明素材来源是不够的。

有些公有领域（public domain）的作品，任何人都可以不经作品所有者的许可和授权使用。对于公有领域的作品，人们有一个常见的误解，认为那些能够从网上轻松下载到的作品都属于公有领域作品，例如一张图片、一首歌。从法律上讲，这种认识是不对的。判断一个作品是否是公有领域作品，不应看它是否能够轻松获得。公有领域是一个有特定含义的法律术语，在不同国家有不同的解释。在网上看到一些你想使用的作品时，你不能先入为主地认为它们是公有领域的作品而肆意使用，除非它们明确表明本身是公有领域作品。所以，在使用任何一种素材之前，请先查看素材的许可类型，或者联系作者获取授权。

你可能听说过知识共享（CC，Creative Commons）这种许可类型，它通过几组不同的权利组合来达到保护作品版权同时促进作品传播。在传统版权保护下，创作者要么保留所有权利（版权领域，使用需要创作者许可），要么不保留所有权利（公共领域，创作者不享有所有权或控制权），而知识共享则试图在两者之间寻求一种平衡，即创作者在保留作品部分权利的同时，把自己的作品与大众分享并传播出去。在使用遵守知识共享的作品时，请明确作品遵守的具体是哪一种权利组合，以及你选择这种权利组合的原因是什么，并且在作品使用过程中严格遵守其条款。例如，当你选用的作品遵守 BY（署名）这种许可协议时，那么你可以对该作品进行复制、发行、展览、表演、放映、广播或通过信息网络向公众传播，但在这些过程中，你必须保留创作者对作品的署名，提供指向许可证的链接，并表明是否做了修改。

如果一个作品可以免授权费使用，或者授权费很低，那这种授权一般都是非独家授权，也就是说，任何人都可以免费或付一定的费用来使用它。不过，有些大客户更喜欢以独家授权的形式取得某个作品的使用权，并且它们也愿意为独家授权支付更多费用，独家授权这种形式会限制其他人使用同一个作品。例如，有一个豪华汽车厂商想在其商业广告中使用某一首歌曲，那它可能会与版权方签订一份为期 5 年的独家授权合同。在这段时间内，其他厂商（例如二手车经销商、猫砂工厂）就不能在广告中使用这首歌曲了。

6.6.2　获取肖像权和物权授权

模特肖像权授权协议（model release）从法律上确保了你有权拍摄某个人物，也就是从法律上保证你拍摄某人的合法性。例如，你拍摄某个学校时，其中拍到了一些不满 18 岁的学生。为了确保合法性，你必须获得这些学生的肖像权授权才行，但是由于这些学生尚未成年，所以你必须从他们的监护人那里获得肖像权授权。

你可以从网上下载现成的模特肖像权授权协议模板，有些手机 App 也可以用来生成模特肖像权授权协议。

如果你拍摄的视频中包含一些私有财产，为了保证拍摄的合法性，你最好取得财产所有人的物权授权。与模特肖像权授权一样，取得了物权授权之后，你就可以合法地拍摄建筑物内外部空间了。在某些情况下，例如某个建筑不是拍摄的重点，此时拍摄就不需要获得该建筑的物权授权了。例如，你拍摄的是城市天际线，其中包含了数百栋建筑，而某个物权建筑只在其中占很小的一部分。但是，为了避免法律风险，在拍摄之前，你最好还是咨询一下当地熟悉物权法的律师。

6.6.3　寻求法律援助

如果你的公司主要从事的是视频制作业务，那你最好还是专门聘请一位熟悉相关法律的律师担任公司法律顾问。有了这样一位法律顾问，你就可以随时向他咨询有关许可授权的法律法规，确保自己项目中使用的素材全都是合法的。同时，你也可以向他咨询采用何种许可证把自己的作品发布或销售出去。公司法律顾问也可以帮助审查模特肖像权授权协议或物权授权协议，确保你签署的协议符合当地的法律法规。